草莓

路河 王娅亚 周明源 主编

高效基质
栽培技术手册
第二版

化学工业出版社

·北京·

内容简介

　　全书为草莓生产基地高级农艺师团队编写，分析了全国草莓产业的现状、存在的问题并给出解决方案建议，图文并茂介绍了四十三种新优促成栽培草莓品种，并以红颜品种为例，以良好农业操作规范为准则，介绍了草莓日光温室促成栽培技术；结合生产实践，讲解了草莓基质栽培材料特性及组配比例、基质栽培的优缺点以及多种多样的栽培形式、各种栽培形式材料规格和相应组建图示、不同栽培模式下的相应配套栽培技术，包含半基质栽培技术；并对草莓病害综合防治等方面做了系统介绍。应市场需求，本书增加了草莓生产后端处理和农产品安全追溯等知识，全面、精要阐述了草莓生产全产业链过程，书中使用了大量的实景照片，在生产上有很强的针对性和可操作性。

　　本书内容基于生产实践中的经验总结，具有很强实用性。可供广大草莓种植者、相关技术人员借鉴参考。

图书在版编目（CIP）数据

草莓高效基质栽培技术手册 / 路河，王娅亚，周明源主编. -- 2 版. -- 北京：化学工业出版社，2025. 10. -- ISBN 978-7-122-48695-0

Ⅰ．S668. 4-62

中国国家版本馆 CIP 数据核字第 2025LU8729 号

责任编辑：李　丽　　　　　　　　　加工编辑：赵爱萍
责任校对：李雨晴　　　　　　　　　装帧设计：刘丽华

出版发行：化学工业出版社
　　　　　（北京市东城区青年湖南街 13 号　邮政编码 100011）
印　　装：三河市航远印刷有限公司
710mm×1000mm　1/16　印张 11¼　字数 194 千字
2025 年 10 月北京第 2 版第 1 次印刷

购书咨询：010-64518888　　　　　　售后服务：010-64518899
网　　址：http://www.cip.com.cn

定　　价：59. 00 元

编写人员

主　　编　　路　河　　王娅亚　　周明源

副 主 编　　陈卫文　　崔全胜　　金艳杰　　肖书伶　　田振华

参　　编　　高　丽　　朱金蕾　　徐明泽　　田炜玮　　邢广青
　　　　　　崔泽彬　　左　强　　段改莲　　李玉荣　　沈　兰
　　　　　　胡　浩　　王尚君　　李玉勇　　陈　静　　高　剑
　　　　　　李　浩

前言

草莓是世界公认的营养保健型草本高档水果，它营养丰富，富含氨基酸、单糖、柠檬酸、苹果酸、果胶、多种维生素及矿物质钙、镁、磷、铁等。同时草莓还具有很高的药用价值。中医学认为它具有清热解毒、生津止渴、润喉益肺、健脾和胃等功效。据统计资料表明，中国是全球最大的草莓生产国，2022 年的草莓种植面积为 221.18 万亩，产量为 402.3 万 t（吨），均居世界首位，其次是美国、西班牙。

冬季是北方水果生产的淡季，在万木萧条的冬季，温暖的日光温室中，呈现在人们面前的却是春意盎然，草莓果实鲜亮红艳，叶色翠绿，果香宜人，使人流连忘返。草莓 30～80 元/斤的采摘价格仍供不应求，折射出草莓在观光农业中的地位和产业发展前景。

随着农产品结构的调整和农业科技水平的不断提高，设施草莓栽培面积呈现逐年迅速增加的态势。设施草莓种植是农民增收的主要途径之一，其经济效益显著高于其他蔬菜作物。由于土地资源短缺、种植习惯和经济利益驱动等原因，连作是北京设施草莓种植中的普遍现象。基质栽培是无土栽培中应用面积最大的一种方式。它是将作物的根系固定在有机或无机的基质中，通过滴灌或细流灌溉的方法，供给作物营养液的一种栽培方式。栽培基质可以装入塑料袋内，或铺于栽培沟或槽内。基质栽培的营养液是不循环的，称为开路系统，这可以避免病害通过营养液的循环而传播。基质栽培可使草莓长势达到最佳状态，单株结果率高，整体高产，果品安全性可控，有保障，是解决温室等园艺保护设施土壤连作障碍的有效途径，被世界各国广泛应用，在我国设施园艺迅猛发展的今天，更具有其重要的意义。

由于本书内容主要来自生产实践经验，侧重本地的气候变化，内容难免有片面和不足，恳请大家批评指正。同时，本书在编写过程中借鉴参考了大量现有的文献资料以及专家、同行的研究成果，在此表示崇高敬意和真诚的感谢。书中有不当之处恳请大家指正。

编　者

2025 年 5 月

目录

第三章　草莓基质栽培 / 044

第四章　草莓基质栽培技术 / 065

第五章　草莓栽培常见病虫害 / 087

第六章　果实采后处理和销售 / 122

第七章　生产记录与追踪 / 136

第一章

草莓生产现状、存在的
问题及解决办法

第一节　世界及中国草莓生产现状

　　草莓是世界公认的营养保健型草本高档水果，它营养丰富，富含氨基酸、单糖、柠檬酸、草莓酸、果胶、多种维生素及矿物质钙、镁、磷、铁等，这些营养元素对人体生长发育具有很好的促进作用。同时草莓还具有很高的药用价值。中医学认为它具有清热解毒、生津止渴、健脾和胃、润喉益肺及补血益气的功效。统计资料表明，中国是世界草莓生产第一大国。

一、世界草莓生产现状与发展策略

1. 世界草莓生产现状

　　中国是全球最大的草莓生产国，2022 年的草莓种植面积达 221.18 万亩（1 亩＝666.67m²），产量为 398.16 万 t，均居世界首位。中国的草莓种植面积和产量自 2012 年以来均呈现上升趋势，年均复合增长率为 6%。主要产区包括东北、黄淮海、长江中下游、西南和华南，其中黄淮海地区是最大的主产区，产量约占全国的 38.7%（2023 年数据）。

　　美国是全球最大的露天加工型草莓生产国，2023 年加利福尼亚州的草莓种植面积超过 1.6 万 hm²，几乎全部为露天栽培。美国草莓的产量高，品质好，约 22.4％用于加工，13.7％出口到加拿大、墨西哥等国家。

欧洲，特别是西班牙和波兰，是主要的草莓生产国和出口国。西班牙是欧盟最大的鲜食草莓生产国和出口国，2023 年波兰的草莓种植面积达 5.13 万 hm²，以露天栽培为主，生产的草莓大量用于加工冷冻草莓和蜜饯等产品。

日本和韩国：日本和韩国的草莓品种（如"红颜"）仍占据高端市场主导地位。

总体来看，全球草莓生产主要集中在中国、美国、欧洲和日本，这些国家的草莓产业各具特色，涵盖了从露天加工型到鲜食型的各种类型。

从产量和增长方面看，整个草莓产业呈现稳步增长态势，中国占比逐年提升。2019 年，全球草莓产量为 888.5 万 t（吨），其中我国的草莓产量在全球占比为 36.26％。与 2010 年相比，全球草莓产量增量为 260.07 万 t（吨），增幅为 41.38％，年均复合增长率约为 3.92％。

2010～2019 年中国和全球草莓产量变化趋势见图 1-1。

图 1-1　2010～2019 年中国和全球草莓产量变化趋势

2. 技术进步与品种创新方面

全球草莓产业正在经历技术进步和品种创新。例如，中国农业科学院正在选育抗炭疽病、灰霉病的新品种，同时，将 CRISPR 基因编辑技术用于提高草莓的抗逆性。再看销售与市场方面，草莓的销售模式正在发生变化，直播带货和品牌化战略正在成为新的增长点。例如，2023 年抖音"草莓节"单日销售额突破 2 亿元，未来可能占线上销售的一半。

3. 草莓产业发展面临的挑战与应对策略

草莓产业面临的主要挑战包括土壤连作障碍、劳动力成本上升、国际竞争加剧等。应对策略包括推广轮作模式、开发草莓采摘机器人、加大自研品种投入等。草莓产业也在寻求国际合作和市场拓展。例如，中国草莓产业通过RCEP关税减免政策与跨境冷链技术升级，成功打入东南亚市场。

总体来看，世界草莓产业正在经历一个快速发展和创新的阶段，面临着许多机遇和挑战。

二、中国草莓生产现状

（一）种植面积：整体呈上升趋势

作为全球最大的草莓生产国，近十年来，我国草莓产业快速发展，草莓种植面积呈波动增长趋势。国家统计局数据显示：2012～2022年，我国草莓种植面积由123.9万亩增加至221.18万亩，近10年间增长约97.28万亩，增幅约78.51%，年均复合增长率为5.96%（图1-2）。

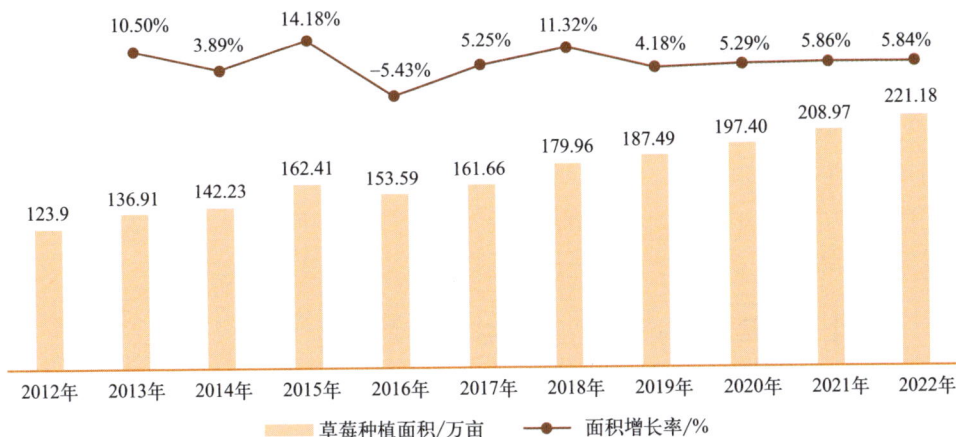

图1-2　中国草莓种植面积变化趋势

（数据来源：国家统计局）

（二）产量：呈上升趋势

2012～2022年，我国草莓产量随种植面积扩大呈上升趋势，由222.13万t增长至398.16万t，近10年间增长约176.03万t，增幅约79.25%，年均复合增长率为6%（图1-3）。

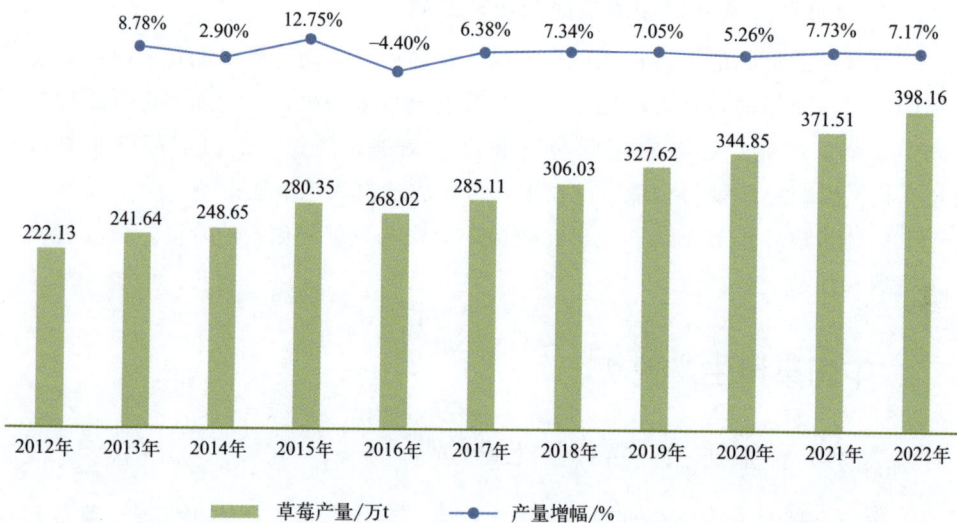

图 1-3　中国草莓产量变化趋势

（数据来源：国家统计局）

（三）产区分布

国家统计局数据显示，全国 31 个省（自治区、直辖市）均涉及草莓的规模化生产，其中，江苏省、山东省、安徽省、辽宁省、河南省、河北省、四川省、云南省、浙江省、湖北省草莓种植面积位列前 10（表 1-1），合计超过全国草莓种植总面积的五分之四（80.43%），产量合计也在全国草莓产量的五分之四以上（87.48%），其中，山东省临沂市、辽宁省丹东市、安徽省长丰县、江苏省徐州市、云南省昆明市等市县都以大面积的草莓种植而闻名。

（四）草莓在生产方式上发生了巨大变化

2000 年以来，以塑料大棚、小拱棚、日光温室为主的保护地生产面积在 5 年内翻了一番。同时草莓的栽培季节和栽培形式呈现多样化，产品供应期延长，草莓除促成栽培外，还开展了半促成栽培、超促成栽培。各地根据当地的气候条件、种植习惯和市场，创造出了当地的主体栽培方式，如地膜覆盖栽培、小拱棚加地膜、塑料大棚和日光温室栽培等。草莓栽培方式的多样化，大大延长了产品的供应期。随着草莓栽培方式的多样化发展，配套技术体系持续完善：通过品种改良、早春多层覆盖、专用草莓配方肥应用、微滴灌、生长调节剂应用等技术创新，显著提高了草莓单产水平。

表 1-1　2022 年中国各草莓产区种植面积与产量占全国比重明细

序号	地域	种植面积/万亩	种植面积占全国比重	产量/万t	产量占全国比重
—	中国	221.18	—	398.16	—
1	江苏	30.98	14.00%	58	14.57%
2	山东	28.02	12.67%	72.57	18.23%
3	安徽	21.44	9.69%	39	9.80%
4	辽宁	19.77	8.94%	51.89	13.03%
5	河南	17.28	7.81%	31.38	7.88%
6	河北	13.97	6.31%	34.86	8.76%
7	四川	13.64	6.16%	17.03	4.28%
8	云南	13.53	6.12%	16.52	4.15%
9	浙江	10.46	4.73%	15.74	3.95%
10	湖北	8.82	3.99%	11.31	2.84%
11	湖南	6.53	2.95%	5.52	1.39%
12	陕西	6.02	2.72%	9.06	2.28%
13	贵州	4.91	2.22%	5.53	1.39%
14	重庆	3.98	1.80%	3.29	0.83%
15	江西	3.65	1.65%	3.1	0.78%
16	广东	3.05	1.38%	3.88	0.97%
17	吉林	1.77	0.80%	1.5	0.38%
18	上海	1.76	0.79%	2.29	0.58%
19	甘肃	1.71	0.77%	2.27	0.57%
20	山西	1.43	0.64%	2.53	0.64%
21	广西	1.43	0.64%	1.45	0.36%
22	北京	1.31	0.59%	2.04	0.51%
23	黑龙江	1.28	0.58%	1.01	0.25%
24	福建	1.22	0.55%	1.58	0.40%
25	新疆	1.16	0.52%	1.71	0.43%
26	内蒙古	0.75	0.34%	0.98	0.25%
27	宁夏	0.51	0.23%	0.82	0.21%
28	青海	0.41	0.18%	0.6	0.15%
29	天津	0.24	0.11%	0.28	0.07%
30	西藏	0.17	0.07%	0.33	0.08%
31	海南	0.09	0.04%	0.09	0.02%

数据来源：国家统计局。

（五）对外贸易分析

1. 进口情况分析

中国海关数据显示，2018 年以来，中国草莓相关商品总进口量波动增加，进口金额随进口量同步呈现波动增加态势。2023 年中国草莓相关商品进口量达 4.12 万 t，同比增长了 0.23 万 t，增幅约 5.91%；进口金额达 6.74 千万美元（图 1-4），同比减少 0.13 千万美元，降幅约 1.89%；较 2018 年进口量增长了 2.68 万 t，增幅为 186.11%，进口金额增长了 3.98 千万美元，增幅为

141.58％。进口量及进口金额的增长均来自商品编码为"08111000"、商品名称为"冷冻草莓"相关商品的拉动。

图1-4　2018年～2023年中国草莓相关商品进口量及进口金额变化趋势

（数据来源：中国海关）

从进口商品种类来看，中国主要进口的草莓相关商品为"冷冻草莓""其他制作或保藏的草莓""鲜草莓"，其中，"冷冻草莓"的进口量及进口金额相对较大，2023年"冷冻草莓"的进口量为4.09万吨，进口金额为6.39千美元（表1-2），在同年的中国草莓相关商品总进口量（4.12万吨）和总进口金额（6.74千万美元）中所占的比重分别为99.27％、94.81％。中国海关数据显示"鲜草莓"仅有2018年、2019年、2021年进口，其他年份无进口数据。

表1-2　2023年草莓相关商品进口量及进口金额对比

商品名称	进口量/万吨	进口金额/千万美元
冷冻草莓	4.09	6.39
其他制作或保藏的草莓	0.02	0.35

数据来源：中国海关。

2. 出口情况分析

中国海关数据显示，2018～2023年，中国草莓相关商品总出口量及出口金额呈波动下降趋势。2023年中国草莓相关商品总出口量达6.24万t，同比增长了0.7万t，增幅为12.67％；总出口金额达12.93千万美元（图1-5），受出口单价下降等综合因素影响，同比减少了0.1千万美元，降幅为0.79％。

与 2018 年相比，出口量下降了 1.38 万吨，降幅约为 18.11％；出口金额下降了 2.14 千万美元，降幅为 16.38％。

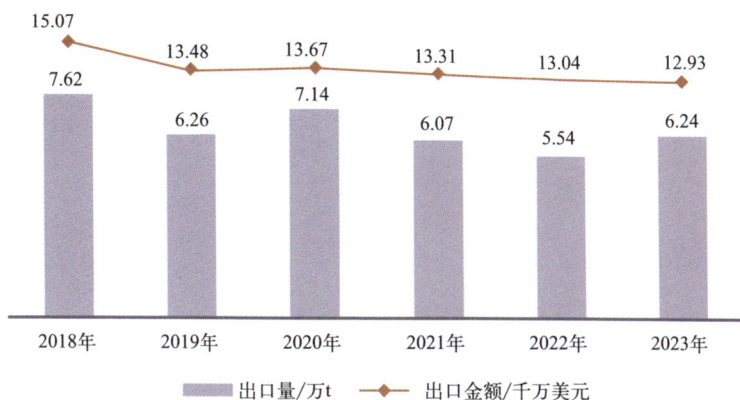

图 1-5　2018 年～2023 年中国草莓相关商品总出口量及总出口金额变化趋势

（数据来源：中国海关）

从出口商品类型来看，2023 年，中国草莓相关主要出口商品为"冷冻草莓""其他制作或保藏的草莓""鲜草莓"。其中"冷冻草莓"的出口规模相对较大，出口量及出口金额分别为 4.45 万 t、7.18 千万美元（表 1-3），在全国草莓相关商品总出口量（6.24 万吨）和总出口金额（12.93 千万美元）中所占的比重分别为 71.27％、55.5％。

表 1-3　2023 年草莓相关商品出口量及出口金额对比

商品名称	出口量/万 t	出口金额/千万美元
冷冻草莓	4.45	7.18
鲜草莓	0.97	1.99
其他制作或保藏的草莓	0.83	3.77

数据来源：中国海关。

3. 进出口比较

2023 年，从贸易量来看，草莓相关商品进出口总量达 10.36 万 t，其中出口量 6.24 万 t，同比增长了 12.64％；进口量 4.12 万 t（图 1-6），同比增长了 5.91％；出口贸易量明显高于进口贸易量，但近年来两者间的差距逐渐缩小。

从贸易金额来看，2023 年草莓相关商品进出口总额达 19.67 千万美元，其中，出口总额达 12.93 千万美元（图 1-7），同比减少了 0.84％；进口总额达 6.74 千万美元，同比减少了 1.89％，顺差 6.19 千万美元；贸易顺差随净

图 1-6 2018年～2023年中国草莓进口贸易量及出口贸易量变化趋势

（数据来源：中国海关）

出口量的减少而有所下降，从 2018 年的 12.28 千万美元波动下降至 2023 年 6.19 千万美元，下降了 6.09 千万美元，降幅约为 49.59%。

图 1-7 2018年～2023年中国草莓进出口贸易金额及贸易逆差变化趋势

（数据来源：中国海关）

从进出口贸易单价来看，中国草莓进口单价呈现波动下降趋势，出口单价常年在 2 美元/公斤波动，且常年高于进口单价。2023 年，中国草莓进口单价为 1.64 美元/公斤，出口单价为 2.07 美元/公斤（图 1-8），相较而言，进口草莓更具价格竞争优势。与 2018 年相比，中国草莓进口单价下降了 0.29 美元/

公斤，出口单价增长了 0.09 美元/公斤。

图 1-8　2018 年～2023 年中国草莓进出口贸易单价变化趋势

（数据来源：中国海关）

（六）市场分析：以鲜食为主，产销方式单一

草莓消费市场已由数量型向质量型转变，这种转变直接影响着莓农对品种的选择。从品种上看，中果型优质草莓的种植面积有大幅增长，特别是爽口型草莓由 2001 年的不到 1% 发展到 2008 年的 45%。随着城乡家庭人口结构的变化以及旅游、休闲消费的需要，草莓品种向清爽果型（草莓糖酸比在 12～14 之间）发展；对内在质量的要求趋向于甜（可溶性固形物含量在 12%～16%）、脆、亮、红、耐贮运。观赏型草莓也是一种发展趋势，长在藤蔓上的小草莓、红花草莓，摇身一变，成了盆景走向市场，草莓盆栽一经推出，就受到很多市民的追捧。目前，我国草莓消费 90% 以上为鲜食消费，不到 10% 的草莓用于加工制成草莓酱、草莓酒、草莓汁以及冷冻草莓等制品。由于鲜食草莓易破损，不耐贮运，大量采收后，鲜果未能及时保鲜和加工处理，品质就会迅速下降，甚至腐烂变质。因此，鲜食草莓一般就近或向周边省市销售，行业具有一定的区域性特征。鲜食草莓的主要流通模式有"产地—超市—消费者""产地—批发市场—零售终端—消费者""草莓种植户—消费者""产地—电商平台—消费者"等。农产品批发市场目前仍是我国大宗商品草莓流通的主要方式。

1. 表观消费量逐年增长

中国草莓表观消费量随着国民消费水平的提高逐年增长，2022 年中国草莓表观消费量达 396.51 万 t，同比 2021 年增长了 7.39%，较 2018 年增长了

32.24％（图1-9）。预计未来随着居民收入水平的进一步增长，以及消费者对健康饮食的日益关注，中国草莓表观消费量将继续增加。

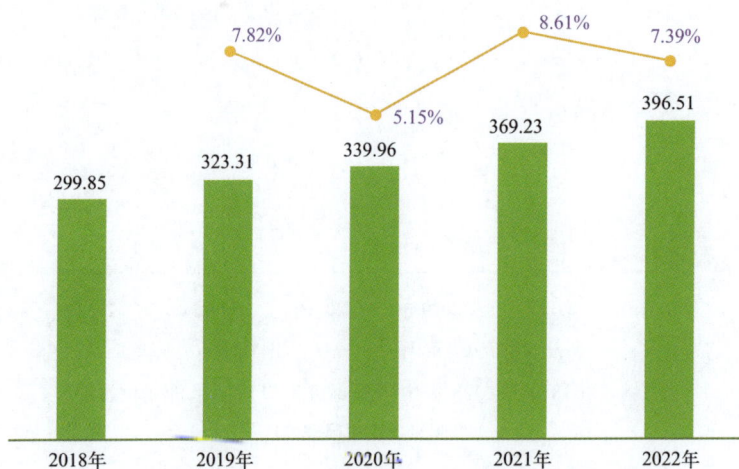

图 1-9　2018 年～2023 年中国草莓表观消费量变化趋势

　　■ —表观消费量/万 t；　● —增长率/％；表观消费量＝产量＋净进口量；
数据来源：国家统计局

2. 中国草莓价格趋势分析

　　以市场消费量较多的丹东九九草莓为例，北京新发地市场官网公布的数据显示，2024 年 3 月 18 日新发地九九草莓平均价为每千克 11.75 元，与 2024 年 1 月 31 日的九九草莓平均价每千克 22 元相比下降了 47％；与 2023 年 11 月 28 日的九九草莓的平均价每千克 40 元相比下降了 70.63％，草莓价格降幅明显；与 2022 年同期（3 月 14 日、22 日）价格相差不大——意味着价格波动存在一定的周期性。（数据来源：北京新发地）

（七）在品种选育、标准化生产、质量安全保障等方面还需努力

　　尽管中国是世界草莓产业第一大国，但在具有核心竞争力的品种研究方面，特别是与日本的优质草莓育种、美国的抗病优质草莓育种等在亲本材料创新方面相比，我们仍有较大的差距。另外，市场上商品草莓的品质安全问题仍然是草莓产业良性发展的主要障碍，许多地方生果和不符合标准的草莓上市已成为影响品质的主要原因，对整个产业的良性发展构成巨大威胁。其次，标准化生产技术规程与模式在草莓生产中亟待普及。标准化生产技术规程与模式未普及的主要表现为单位草莓产量低。以现在主栽草莓品种红颜为例国内单株产

量为 250～300g，而国外单株产量为 300～500g。再就是劳动成本较高，统计资料显示，我国草莓生产，由于规模种植和机械化作业程度低，草莓生产模式仍是靠低成本的劳动力换取利润。随着中国与国际市场接轨，设施园艺高技术设备的推广应用，这种劳动力优势在未来的利润空间将越来越受到限制和压缩，只有推广采用现代化的设施栽培调控器材、精准的耕作机械、灌溉施肥设备、植保与运输机械等，才能提高草莓的标准化栽培管理水平，在销售优质商品草莓的前提下，获得生产的高效益。

（八）草莓的采后深加工势在必行

草莓的采后深加工研究已经积累了大量的科研成果，目前需要进一步产业化开发，并引进新的技术，如超高压加工技术可以保持草莓产品的新鲜风味，使产品质量有质的飞跃。番茄红素和氨基酸对人体具有抗氧化、抗辐射、抗癌等多种保健治疗作用，日益受到食品、营养和医药行业的重视，成为研究的热点；果糖在各类天然糖分中甜度最高，具有良好的加工性能，而且果糖的血糖生成指数低，糖尿病患者可以少量食用，不引起血糖升高。如何利用草莓资源进行番茄红素、氨基酸以及果糖等活性物质的开发，增加附加值，占据高端市场，将会成为草莓产业新的经济增长点。

第二节　中国及世界草莓质量安全状况

农产品的质量安全问题已越来越得到人们的重视，尤其在当今人们普遍关心食品安全的情况下，尽管我国草莓产业取得了显著发展，但仍存在很多不足之处，其中草莓的质量安全问题尤为突出。目前还没有关于全国范围内草莓质量安全研究与普查的报道，但根据一些地区的草莓果实检测结果，草莓质量安全状况仍存在着许多问题，这些问题主要反映在两个方面：一是农药残留严重；二是有害元素污染。

农药在我国草莓病虫害防治中发挥了巨大作用，但我国许多农户在草莓生产中使用农药不够科学合理，施用时有很大的随意性和盲目性，加上不法商贩的故意夸大宣传，不科学的引导，虽然国家禁止在果蔬上使用的农药，但有些地方仍在草莓生产中普遍大量使用，形成了禁而不止的局面，致使草莓果实农药残留超标，环境受到污染。

20 世纪 90 年代开始，我国逐渐重视食品中农药残留问题。2013 年随着北京草莓产业飞速发展，北京市农业局制定了《草莓无公害生产技术规程》以及《草莓安全生产告知书》进一步对草莓生产各个环节进行规范，以达到无公害生产的目标。

（一）建设草莓园区的要求

1. 产地要求

要选择生态环境良好的农业区域生产，没有工业"三废"以及城镇生活垃圾、医疗废弃物污染。

2. 生产过程要求

（1）严格执行国家相关技术标准、规程、规定

① 有机产品生产：符合《国家有机食品生产基地考核管理规定》《有机产品认证管理办法》《有机产品 生产、加工、标识与管理体系要求》（GB/T 19630—2019）的要求。

② 绿色产品生产：符合《绿色食品 产地环境质量标准》（NY/T 391—2020）、《绿色食品 农药使用准则》（NY/T 393—2020）、《绿色食品 肥料使用准则》（NY/T 394—2020）要求。

③ 无公害产品生产：符合《无公害食品 草莓》（NY5103—2002）、《无公害食品 草莓产地环境条件》（NY5104—2002）、《无公害食品 草莓生产技术规程》（NY/T 5105—2002）要求。

（2）种苗选择 选用高产、优质并通过审定的草莓品种。

（3）肥料使用 要从正规的经销商处购买肥料，国家颁发的登记证号、生产许可证号、标准号三号齐全有效。不使用来历不明的肥料或物质，防止造成人为污染。

（4）农药使用 国家规定禁止在草莓生产上使用下列农药及化合物，共 37 种。它们是：六六六、滴滴涕、毒杀芬、二溴氯丙烷、杀虫脒、二溴乙烷、除草醚、艾氏剂、狄氏剂、汞制剂、砷化合物、铅化合物、敌枯双、氯乙酰胺、甘氟、毒鼠强、氟乙酸钠、毒鼠硅、甲胺磷、甲基对硫磷、对硫磷、久效磷、磷胺、甲拌硫、甲基异柳磷、特丁硫磷、甲基硫环磷、治螟磷、内吸磷、克百威、涕灭威、灭线磷、硫环磷、蝇毒磷、地虫硫磷、氯唑磷、苯线磷，不使用来历不明的农药或物质。

（5）灌溉用水 使用清洁干净用水，符合国家《农田灌溉水质标准》（GB 5084—2021）要求。

3. 采收、包装与贮运要求

采收人员要保持双手干净或佩戴洁净手套，轻拿轻放；包装材料要符合食品包装材料标准要求；要及时销售与食用，保持恰当的贮藏和运输温度。

（二）学习国外先进经验进行制度建设

在比较先进的水果生产国家，由于采用科学的果蔬生产技术和实施长期的农产品农药残留监控制度，果蔬的农药残留问题并不严重。而我国尚未对草莓农药残留进行系统监测。果蔬农药残留作为评价食品安全性的主要内容，已纳入美国、日本及欧共体各国的食品安全监测计划，年年进行例行监测。随着国际上对果蔬农药残留污染的控制越来越严，并且将其作为技术性贸易壁垒，因此，加强对果蔬农药残留限量及其检测技术国际标准的研究和利用，尽快与国际标准接轨，就显得日益迫切和重要。

第三节　北京市昌平区草莓产业发展现状

一、生产现状生产规模

（一）草莓栽培品种现状

2001～2002草莓种植季，北京市昌平区主栽品种有3个，即"童子一号""甜查理""枥乙女"，其中"童子一号"种植面积占总种植面积的90%。

2008年，昌平成功取得了2012年第七届世界草莓大会的举办权，2009～2010草莓种植季，昌平草莓栽培品种达到24个，"红颜"的栽培比例达到42%，"章姬"种植面积达到14%，"童子一号""甜查理"的种植面积逐渐缩减。

2011～2012年草莓种植季，第七届世界草莓大会在昌平召开，推动当地草莓品种资源显著丰富主栽和展示的草莓品种达到135个。"红颜"和"章姬"栽培面积占比达到了80%。

2016～2017年草莓种植季，昌平区草莓主栽品种维持在20个，"红颜"栽培面积占比90%，"章姬"种植面积占4%，"圣诞红""京香系列""隋珠"等品种占比达到6%。

2018～2023 年草莓种植季，昌平区草莓主栽品种维持在 35 个，"红颜"栽培面积占比 85%，"章姬"种植面积占 2%，"圣诞红""京香系列""隋珠"等品种占比达到 8%，小白、雪兔、粉玉等白草莓品种占比达到 3%，其他草莓品种占比达到 2%。

昌平区草莓生产主栽品种对"红颜"的严重依赖格局尚未改变，该品种存在易感白粉病、炭疽病、果实不耐储等缺点，品种单一不利于昌平区草莓产业的健康稳定发展。近年来，我国加大了对草莓品种选育方面的研究，培育出了"京藏香""红袖添香"京香系列和"白雪公主""越心"等新品种，同时从国外引进了如"隋珠""圣诞红""香杉""雪兔"等优新品种。昌平区农业服务中心和各科研院所为了推广草莓新品种、筛选出适宜在昌平区种植的草莓新品种，开展了多项品比试验，对草莓品种进行了综合分析，同时进行试种推广，有效地推广了草莓优新品种。

（二）草莓种植面积现状

2001～2002 年草莓种植季，昌平温室数量 220 栋。2008 年 3 月，中国获得 2012 年第七届世界草莓大会的举办权，使 2008～2009 年种植季，草莓生产温室迅速增加到 5000 栋，比上一季增加了 150%。2010～2011 年种植季，草莓日光温室达到 8000 栋，比上一季增加了 14%，草莓日光温室数量达到高峰。2014～2024 年，昌平区草莓日光温室实际种植栋数都维持在 5000 栋左右。从上述数据可以看出，昌平区草莓产业已从快速发展时期进入稳步发展阶段（图 1-10）。

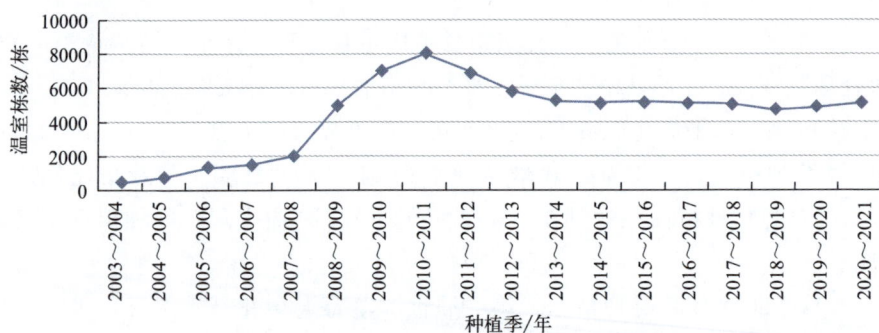

图 1-10　北京市昌平区草莓日光温室栽培栋数概况

（三）草莓种植区域分布特点

以 2020～2024 年种植季为例，昌平区种植草莓 5100 栋，按照区域划分，东部六镇中兴寿 3021 栋、小汤山 920 栋、百善 400 栋、崔村 340 栋、南邵 82 栋、沙河 34 栋，六镇合计 4797 栋，占全区种植规模的 94%。西部四镇中阳坊 43 栋、南口 55 栋、马池口 124 栋、流村 18 栋，四镇合计种植 240 栋。十三陵镇、城南街道和北七家镇合计种植草莓 63 栋，占全区种植规模的 1.24%。

（四）草莓销售渠道变化

昌平区草莓销售渠道由之前以礼品箱、观光采摘、合作社统一收购销售、供应超市、小商贩收购等方式为主，近年来逐渐转变为线上直销与线下采摘相结合，多种销售方式并存的模式。

以 2021 年为例，昌平区草莓总产量 640 万公斤，总产值 3.2 亿元。主要销售渠道为：电商平台销售均价为 73.2 元/公斤，占总销售比为 6.55%；休闲采摘销售均价 69.7 元/公斤，占总销售比为 21%；节日礼品销售均价 65.5 元/公斤，占总销售比为 5.7%；社区团购销售均价为 51.46 元/公斤，占总销售比为 12.9%；摊位零售销售均价为 46.6 元/公斤，占总销售比为 2.85%；商贩批发销售均价为 29.1 元/公斤，占总销售比为 51%。

销售方式也是影响价格的重要原因。电商平台、休闲采摘和节日礼品这三个销售渠道的售价较高，商贩批发售价较低。大规模生产者主要以电商平台、休闲采摘和节日礼品为主，小规模生产者主要以商贩批发收购为主。商贩对收购的果实品质要求相对较低。近年来节日礼品和商贩批发在销售中的比例有所下降，电商销售比例逐渐增加，电商可通过线上销售的方式直接面向最终消费者，实现零中间商，可加快物流，提高草莓销售单价，增加生产者收入。

（五）生产栽培模式逐渐变化

栽培模式由只有传统土壤栽培模式向无土栽培、半基质栽培和高架栽培等多元化栽培模式转变，但仍以传统南北向地栽为主，此栽培模式占 92%。近几年不断创新栽培方式，在推广了"草莓立体基质栽培""草莓半基质栽培""草莓后墙管道栽培"的基础上，又推广了"东西向机械化做畦栽培方式""草莓新型基质槽栽培模式"等，以及阿格里斯架势栽培模式等。高架类栽培模式具有采摘环境好、劳动强度低等优点。"东西向机械化做畦栽培方式"可减少人工投入、提高作业效率、降低劳动强度。半基质栽培与基质栽培相比具有保水、保肥、保温等优点，与土壤栽培相比又可克服连作障碍等，这种栽培模式也受到农户的广泛欢迎。

二、 草莓产业发展存在的问题

1. 土壤连作障碍日益严重

随着种植年限的增长，昌平区草莓日光温室土壤中的大量元素含量一直维持在较高水平，土壤次生盐渍化及酸化严重，土壤 EC 值过高，不仅会影响草莓的定植成活率，同时会影响草莓的生长发育。草莓温室经常是连续多年进行草莓生产，土壤中微生物的有益种类生长受到抑制，而有害微生物由于寄主作物充足反而生长非常快，土壤中微生物的平衡遭到破坏，一旦消毒不充分，易造成土传病虫害暴发，影响草莓生产。连年种植草莓还会发生植物自毒物质的积累，植物残体与病原物的代谢产物对植物有自毒作用，连同植物根系分泌的自毒物质一起影响植株代谢，导致自毒作用发生。草莓对矿质元素的吸收具有选择性，连续多年种植使得土壤中一些矿质元素被大量吸收，而另一些被利用得很少，矿质元素平衡遭到破坏，最终导致元素缺乏症状，影响草莓产量和品质。

2. 种苗来源、质量问题

近年来，昌平草莓苗源广泛，涉及北京、浙江、河北、东北、山西、江苏、四川、山东等 14 个省市。以 2020～2021 年种植季为例，北京延庆苗供应量占 37%，本区育苗企业苗源供应量占 25%，外省市苗源供应量占 32%，农户自繁苗占 4.3%，本市其他区县供应量占 1.7%。种苗来源多样，种苗质量参差不齐，差异性较大。2020～2021 年种植季，全区裸根苗使用占 29%，且裸根苗以外地来源居多，在进一步提高本区草莓种苗自给率方面还有待提升。

草莓苗质量缺乏保障，全国草莓种苗企业杂化，一些育苗企业繁育的种苗质量并无保证；本地育苗企业生产量不能满足全区购苗需求；草莓种苗缺少质量控制标准。

3. 品种退化、主栽品种单一

目前，昌平区草莓主栽品种仍以"红颜"为主，2020～2021 年种植季，"红颜"的栽种面积占栽种总面积的 95% 以上，引进试种了"隋珠""圣诞红""光点""白雪公主""粉玉"等 20 多个新品种，但栽培面积占比较小。由于栽培年限长，"红颜"出现了品种退化，表现出生长势减弱、病虫害加重、畸形果增加等现象。

4. 种植者结构发生变化，生产水平参差不齐

发展草莓产业以来，昌平区推广了一系列技术，并且通过培训、观摩等多

种方式进行技术推广，使栽培者生产技术水平有了很大的提升。近年来，昌平区从事草莓种植的农户年龄普遍偏大，部分本地种植者逐渐退出，将温室出租，外地种植户逐渐加入草莓生产行列，且普遍年龄偏大，对种植技术掌握较少，栽培者生产技术水平参差不齐，不利于昌平草莓产业高质量健康发展。

5. 生产成本升高

昌平区温室草莓生产成本不断升高。种苗、棚膜、雇工、肥料、农药、包装、运输等生产资料成本明显增加；农村劳动力价格飙升，不少地方出现用工荒；土地租金连年上涨，造成生产成本升高。

6. 草莓主要病虫害发生程度严重

随着品种单一化和种植年限的增加，草莓主要病虫害发生程度更加严重。草莓常见病害有白粉病、灰霉病、枯萎病、根腐病等。常见害虫有螨类、蓟马、蚜虫等。

三、昌平区草莓产业发展建议

1. 加强草莓新品种筛选与推广

考虑市民对草莓颜色、风味、外形的喜好，农户对丰产性、成熟期、抗逆性的需求，市场对耐储性的需求，建立完善的草莓品种评价体系，筛选早中晚搭配的多个新品种。对于筛选出的新品种首先通过核心园区、龙头企业、典型农户三种渠道开展试验示范，试种成功后面向农户开展推广种植，以满足市民和农户对草莓品种特性的多样需求。

不断探索、研究草莓优质种苗繁育技术，提高种苗质量、掌握种苗繁育的关键技术，同时做好种苗质量的监管工作。不断培育优质种苗，为草莓产业健康发展打下基础。

2. 生产技术服务

随着草莓产业的不断发展，昌平区在产业发展壮大的同时组成了由农业系统单位组成的草莓工作服务队，负责全区的草莓生产技术服务工作，为草莓生产中新技术、新品种的应用和解决草莓生产中的疑难问题提供了技术保障。

在技术方面，近些年推广了日光温室土壤消毒、测土配方施肥、水肥一体化、蜜蜂授粉、二氧化碳施肥、绿色防控等配套技术，通过建立示范、开展培训观摩等多种途径，将这些配套技术普及推广到生产一线。在此基础上探索更加高效的推广模式，不断将先进的生产技术落实到位，促进草莓产业发展和农民增收。

3. 发展多种栽培模式，生产精品草莓

昌平区在发展日光温室草莓产业的同时，积极发展高架栽培、半基质栽培、盆栽、立体栽培和草莓与其他作物间套作，在生产精品草莓的同时丰富采摘品种，增加采摘的观赏性和趣味性，以求更加吸引市民前来观光采摘。

通过一系列的技术手段生产外形美、品质优的精品草莓。为了保障草莓安全优质生产，政府应从农药生产源头上加强监管，生产低毒、低残留农药，在生产、流通和使用过程中加强监测，对种植者加强宣传，推广使用低毒农药，保障草莓食品安全。

4. 加快草莓产业标准化体系建设

由于草莓种植大部分为小规模经营，农户多以经济利益为前提，所以很难进行标准化生产，没有统一执行标准化育苗、标准化用药、标准化管理等，生产的随意性较强，产量和质量都具有不稳定性。草莓产业发展亟需建立种苗繁育和栽培生产两个标准化体系，确保草莓生产的全过程都在标准范围内，保证草莓的安全和优质。

5. 加强区域销售主体建设

建议加强以合作社为代表的销售主体建设，发挥主体优势，通过销售带动作用辐射周边村镇农户，带动全区草莓产业发展。合作社可吸纳周围较多草莓种植户，其日常开展新技术试验示范以及农民科技培训，在草莓销售中给予社员销售帮助，并整合社内资源，接待大量采摘团队，带动草莓销售。

6. 发展休闲采摘为主并与深加工相结合的产业模式

在发展休闲采摘为主的基础上，应辅助开展草莓深加工，有条件的龙头企业可开发一系列的草莓衍生产业，如开发草莓屋，制作草莓酱、草莓酒等副产品均能增加收益。果品剩余时发展冷链运输和冻果进行远销，作为辅助销售渠道，越多的辅助销售渠道和衍生产业的发展将越有助于草莓产业的稳定发展。

未来一段时间，草莓生产还有很大的提升空间，随着草莓品种改良、脱毒苗使用比例逐渐增加、繁育方式、栽培及管理技术的不断升级；不断整合资源，完善草莓产业的生产功能、生态功能、服务功能、社会功能；昌平区大力推广普及无公害、绿色、有机种植，草莓的产量和品质将有更进一步的提升，草莓产业的前景将会更好。

第二章

促成栽培草莓品种介绍

第一节　国内自主知识产权品种

一、京香2号

'京香2号'是北京市农林科学院选育的优质草莓品种，适合促成栽培模式，目前已获得植物新品种权。其植株长势健壮，结出的果实果面呈橙红色，色泽鲜亮且有光泽，果肉橙黄，肉质脆，香气浓郁，味甜。可溶性固形物含量为 11.6%～14.2%，叶酸含量为 52μg/100g；田间表现较抗白粉病和炭疽病。

二、京香8号

　　'京香8号'是北京市农林科学院培育的短日照型草莓品种，适合促成栽培模式，目前已申请植物新品种权。其植株长势强且植株形态直立，结出的果实呈长圆锥形，果皮红色具有光泽，果肉为白色、外缘红色，可溶性固形物含量为12.3%～13.7%，糖酸比为16.18～24.63，香气浓郁；田间表现较抗根腐病、炭疽病以及螨类。

三、静红

　　'静红'是北京市农林科学院培育的四季草莓鲜食品种，它的丰产性与抗性表现中等，目前已申请植物新品种权。其植株形态较直立，果实为圆锥形且果形整齐。'静红'在夏季结出的畸形果比较少，一、二级序果平均单果重为15.8g，风味为甜多酸少，香气浓郁；6～10月平均可溶性固形物含量为10.8%～13.3%。

四、京莓 1 号

'京莓 1 号'是北京市农林科学院利用凤梨草莓与五叶草莓杂交选育的新品种，具有早熟、高产的品种特点，抗性表现中等，适合促成栽培，目前已申请植物新品种权。其植株长势中等，结出的果实呈圆锥形，果皮稍薄，香味浓，肉质细腻，味甜，1～3月可溶性固形物含量为10.1%～12.7%，平均单果重为17.8g。

五、京彩 2 号

'京彩 2 号'是北京市农林科学院培育的短日照型特色草莓品种，适合促成栽培，目前在北京、山西等地进行区域试验。其植株长势强，植株形态多为半开张，结出的果实呈圆锥形，果皮为白色，但随着光照强度增加果皮会渐变为淡粉色，果肉为白色，酸甜可口，香气浓郁，可溶性固形物含量为11.1%～13.4%，糖酸比为23.5～30.28；田间观察抗白粉病和灰霉病。

六、京彩 3 号

'京彩 3 号'是北京市农林科学院培育的短日型特色草莓品种,适合促成栽培。其植株长势强,植株形态为半开张,结出的果实呈短圆锥形,果皮为白色或者淡粉色,具有光泽,果肉为纯白色,风味为甜多酸少,香气浓郁,可溶性固形物含量为 11.0%~12.7%,糖酸比为 21.4~28.57;田间观察抗白粉病和灰霉病。

七、京瑞 1 号

'京瑞 1 号'是北京市农林科学院培育的观赏兼鲜食两用的草莓品种,四季成花结白果,目前在北京、云南等地进行区域试验。其植株长势强,植株形态为半开张,结出的果实呈圆锥形、中等大小,果皮是纯白色,果肉为白色,可溶性固形物含量为 11.6%~13.5%,糖酸比为 20.24~24.87;田间观察较抗炭疽病。

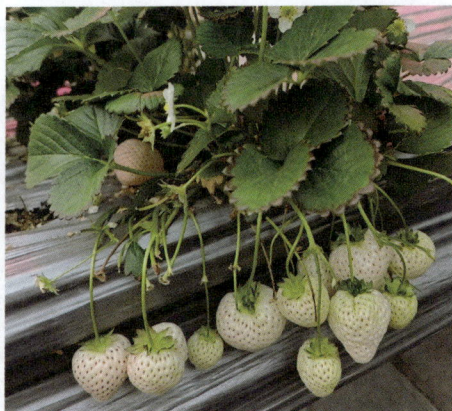

八、京桃 3 号

'京桃 3 号'是北京市农林科学院培育的短日照型草莓品种且有桃香味，适合促成栽培，目前已申请新品种权。其植株长势强，植株形态为半开张，结出的果实呈长圆锥形，果面为红色、有光泽，果肉呈白色，果实的硬度大，风味为甜多酸少，平均可溶性固形物含量为 11.5%～13.8%，糖酸比为 20.42～29.60；田间观察抗灰霉病、根腐病和炭疽病。

九、京糯 1 号

'京糯 1 号'是北京市农林科学院培育的短日照香糯型草莓品种，果实香糯绵软，风味酸甜适中，适合促成栽培，目前已申请新品种权。其植株长势强，植株形态为半开张，结出的果实呈圆锥形，果皮为白色，表面的种子为红色且凹入果面，平均可溶性固形物含量为 11.6%～13.9%，糖酸比为 21～29；田间观察抗白粉病和灰霉病。

十、京醇1号

'京醇1号'是北京市农林科学院培育的短日照浓香型草莓品种，适合促成栽培，目前在北京、云南等地进行区域试验。其植株长势中等，植株形态为半开张，结出的果实呈圆锥形，果皮橙红色且有光泽，果肉为白色，香味浓郁醇厚，风味酸甜适中，平均可溶性固形物含量为 11.8%～13.7%，糖酸比为 20.42～28.18；田间观察抗根腐病、白粉病以及灰霉病。

十一、京醇2号

'京醇2号'是北京市农林科学院培育的短日照浓香型草莓品种，适合促成栽培，目前已申请新品种权。其植株长势中等，植株形态为半开张，结出的果实呈圆球形，果皮、果肉均为纯白色，果面有光泽，香味浓郁醇厚，风味酸甜可口，平均可溶性固形物含量为 11.3%～15.1%，糖酸比为 23.97～28.05；田间表现抗根腐病和灰霉病。

十二、京硕 3 号

'京硕 3 号'是北京市农林科学院培育的高品质四季型草莓新品种，具有丰产性好的品种特点，目前已申请新品种权。其植株长势强，植株形态较直立，结出的果实呈圆锥形，果皮为深红色且有光泽，果肉为白色、外缘红色，单果重可达 100g，奶香味浓郁，风味酸甜适中，可溶性固形物含量为 12.2％～14.0％，糖酸比为 19.17～21.44；田间观察抗白粉病、灰霉病以及根腐病。

十三、小白

'小白'是通过传统的杂交育种培育而成的，最初是北京市密云县农民李健发现变异子苗后，将变异苗隔离扩散获得了具有变异性状表现的子苗，之后对其进行多次筛选、繁殖，最终获得表现稳定、品质优良的草莓品种'小白'，并于 2014 年通过北京市种子管理站鉴定。

小白株高 14～18cm，叶片数多达 14 片，植株长势旺，抗病性强，可于 9 月中旬定植，植株会在 11 月上旬开花，12 月初果实可以上市，果实呈圆锥形，果肉为纯白色，可溶性固形物含量为 12.5％，风味好。

十四、京藏香

'京藏香'是北京市农林科学院以美国品种'早明亮'为母本、日本品种'红颜'为父本杂交选育的草莓品种，具有丰产性较强、连续结果能力强、耐储运的品种特点，于 2013 年底通过品种审定。其植株生长势较强，植株形态为半开张，株高平均为 12.2cm，结出的果实呈圆锥形或楔形，果皮为红色且有光泽，一二级序果平均果重为 31.9g，果实硬度大，酸甜适中，香味浓郁，可溶性固形物含量为 9.4％～13％；田间表现为较抗灰霉病和中抗白粉病。

十五、京泉香

'京泉香'是北京市农林科学院以'01-12-15'为母本、红颜为父本培育的草莓苗品种，于2012年通过北京市品种审定。其植株生长势强，植株形态为半开张，结出的果实呈长圆锥形或楔形，果皮为红色、有光泽，种子黄、绿、红色三色兼有且凹入果面，种子分布中等，果肉为橙红色，一、二级序果的平均单果重为38.4g，风味酸甜适中，香味浓，可溶性固形物含量为9.4%；田间表现抗炭疽病和灰霉病，对白粉病抗性一般。

十六、白雪公主

'白雪公主'是北京市农林科学院培育的中熟草莓品种，由草莓品种"白雪小町"自然实生种子选育和自交纯化而成的，丰产性一般，风味独特，适合保护地栽培，该品种于2022年获北京市新品种认定证书。其植株长势中等，

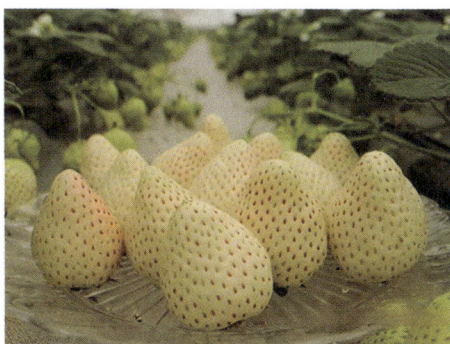

植株形态呈半开张，可于 8 月下旬定植，初花期为 12 月上旬，盛花期为 12 月下旬，果实成熟期为次年 1 月下旬，结出的果实呈圆锥形，果面颜色为白色或淡粉色，具有光泽，种子黄、绿、红三色兼有且凹入果面，果肉为白色，最大单果重为 48g，酸甜适中，可溶性固形物含量为 9%～11.4%；田间表现为较抗炭疽病、灰霉病和白粉病。

十七、粉玉 1 号

'粉玉 1 号'是杭州市农业科学研究院以'香野'母本、白果优系'2012-W-02'为父本杂交选育而成的早熟粉果草莓品种，于 2023 年通过浙江省品种审定。其植株长势旺，植株形态直立，匍匐茎粗壮且抽生能力强，花序连续抽生能力强，自然坐果率高，要及时养根壮苗、疏花疏果。该品种结出的果实呈圆锥形或楔形，果面为粉红色，表面的种子平于或凹入果面，果肉为白色，肉质细腻多汁，髓心空洞小或无，风味清甜，气味芳香，全株平均单果质量约为 17.0g，全年平均可溶性固形物含量为 11.03%。

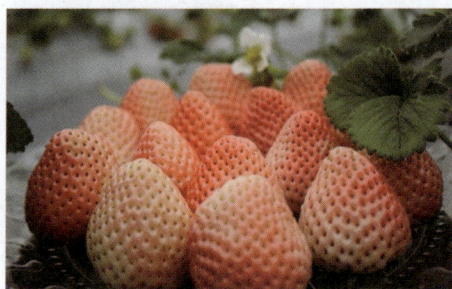

十八、粉玉 2 号

'粉玉 2 号'是杭州市农业科学研究院以'香野'为母本、'2012-W-02'为父本杂交选育而成的早熟粉果草莓品种，具有耐贮运的品种特性，适合设施促成栽培，于 2023 年通过浙江省品种审定。其植株长势旺，植株形态直立，结出的果实为圆锥形，果形端正，果面呈粉红色，果肉白色，髓心空洞小，肉质脆，风味浓郁，香甜可口，品质优良，全株平均单果质量约 21.7 g，可溶性固形物含量为 12.6%；田间表现中抗炭疽病和白粉病，易感叶螨。该品种从移栽到采摘平均生育期为 74 天，与母本'香野'相当，始花期较'白雪公主'品种早 24 天，始果期早 32 天；成熟期比'粉玉 1 号'迟 5～7 天，连续结果能力不如'粉玉 1 号'。

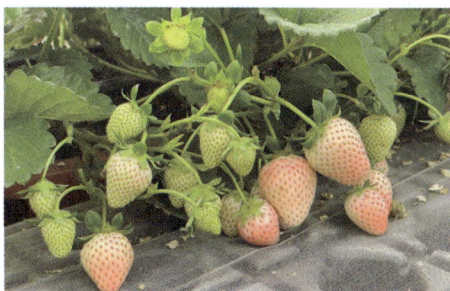

十九、红玉

　　'红玉'是杭州市农业科学研究院以'红颜'和'2008-2-20'（甜查理×红颜）杂交选育而成的早熟、抗病型草莓品种，于 2021 年获得新品种权证书。其植株生长势中等，不易徒长，植株形态直立，耐低温弱光照，连续结果性好，结出的果实呈长圆锥形，畸形果少，果皮为橙红色，着色均匀且有光泽，表面的种子凹入果面，种子带宽度中等，果肉和髓心均是橙红色，髓心空洞无或小，硬度中等，风味酸甜，有香气，平均单果重为 22.4g，可溶性固形物含量为 9.5%～14.8%；田间表现为抗灰霉病和炭疽病。

二十、脆玉

　　'脆玉'是杭州市农业科学研究院培育的早熟草莓品种，果实硬度好，相比草莓品种'红颜'、'雪兔'和'淡雪'的硬度更高，更耐储存和运输，在杭州地区一般9月初定植，11月中下旬果实可以成熟。其植株长势强，花序连续抽生能力强，结出的果实呈圆锥形，果形端正，果面和果肉均为白色，色泽稳定，果面在强光下呈现出浅粉色，果肉硬脆且汁液饱满，风味甜，可溶性固形物含量为14.7%；田间观察对炭疽病的抗性比红颜强，较抗白粉病。

二十一、梦粉姬

'梦粉姬'是宁波市农业科学研究院自主选育的中熟草莓品种，具有果个大、高产等特点，适合高架和地栽种植模式。其植株属于半直立型，结出的果实为圆锥形，畸形果少，果面呈现亮粉色且有光泽，表面种子平于果面，果面平整，果肉质地软糯，硬度适中，但口感稳定性略差，风味酸甜可口，平均可溶性固形物含量为13.2%。

二十二、梦之莹

'梦之莹'是宁波市农业科学研究院自主选育的中熟大果型草莓品种，适合高架栽培和地栽种植模式。其植株属于半直立型，匍匐茎偏多，抗病性不强，种植成活率较低，结出的果实呈圆锥形，果形端正，畸形果少，果皮为白色，表面种子是红色，经阳光直射或开春后，颜色会偏粉红，果实肉质细腻且汁液充沛，风味鲜甜，可溶性固形物含量为12%～15%，平均单果重25g左右。

二十三、梦之芙

'梦之芙'是宁波市农业科学研究院自主选育的中熟草莓品种，具有果个大、花序长、高产、耐贮运的品种特性，适合高架和高垄地栽种植模式。结出的果实呈短圆锥形，畸形果少，果皮为青白色或白色，表面种子为绿色，果实七成熟的时候可以采摘，有香蕉＋苹果的复合香气，平均可溶性固形物含量为13.4%；田间表现为抗白粉病和红蜘蛛。种植该品种时需严格管理水肥避免果实出现空心。

二十四、梦之娇

'梦之娇'是宁波市农业科学研究院自主选育的中早熟草莓品种，具有不旺长、高产等特点，适合高架和地栽的种植模式。该品种可于12月中旬开始采收，结出的果实为圆锥形，畸形果少，果面呈白粉色有光泽，表面种子为红色且凹入果面，果实肉质细腻，酸甜适中，平均可溶性固形物含量为13.7％；但该品种果皮不耐压，所以不耐贮运。

二十五、越心

'越心'是浙江省农业科学研究院以优系'03-6-2'（卡麦罗莎×章姬）为母本，'幸香'为父本杂交选育而成的早熟草莓品种，具有耐弱光、耐低温、匍匐茎抽生能力强、浅休眠、耐贮运的品种特性，适合促成栽培，目前已通过省级品种认定。该植株长势强，植株形态为直立，结出的果实呈短圆锥形或球

形，中等大小，果皮为浅红色，着色均匀，果面平整，髓心为淡红色且无空洞，果实甜酸适口，风味甜，可溶性固形物含量为 12%～14.5%；田间表现为抗炭疽病、灰霉病和白粉病。

二十六、越秀

'越秀'是浙江省农业科学研究院选育的中熟草莓品种，具有大果率高、丰产性好、耐运输的品种特性，适合促成栽培，目前已获得植物新品种权并通过省级品种认定。该植株长势强，果实于 12 月下旬可采，形状为圆锥形，果形整齐，果皮为红色且有光泽，果实硬度好，果肉肉质细腻，风味酸甜适宜，顶花序一级果重约 40g，平均单果重 22g，全年可溶性固形物含量为 11.1%；田间表现为中抗炭疽病和灰霉病。该品种在开花结果期遇低温后易产生畸形果，故而要及时做好保温措施。

二十七、越雪妃

'越雪妃'是浙江省农业科学研究院选育的特早熟草莓品种，于 9 月上旬定植，11 月中下旬上市，具有丰产性好、连续结果能力强、果实硬度高的品种特点，适合促成栽培，目前已申请植物新品种权。其植株长势中庸，植株形态为半直立，结出的果实为圆锥形，中等大小，果皮颜色为白中带粉，春季升温后主要呈淡粉色，果肉呈白色，风味酸甜适中，顶果平均重约 31g，平均可溶性固形物含量为 12.2%；田间表现为抗炭疽病，中抗白粉病和灰霉病，易感螨类。

二十八、建德红

　　'建德红'是浙江省农业科学研究院以果实大、硬度好、丰产、抗病性强的品系'06-3-6'为母本，以早熟、连续结果性强、口感好、抗病性强的品种'越心'为父本杂交选育而成的早熟草莓品种，具有贮运性好、商品性好的品种特点，适合促成栽培，于2019年申请品种权'浙莓17'，2020年建德市农业农村局、建德市草莓协会购买该品种优先许可使用权，所以推广名为'建德红'。该品种结出的果实大，硬度好，形状呈圆锥形，果皮红色且有光泽，果肉为淡红色，髓心无空洞，味甜，果肉脆且多汁，顶果平均果重约40g，平均单果重约22g，全季平均可溶性固形物含量为11.5%；田间表现为较抗炭疽病、白粉病和灰霉病，易感螨类。该品种连续开花结果能力强，容易出现"自封顶"现象，即无心苗，需注意氮肥的施入，增加营养生长的能力，降低无心苗的出现率，其果实成熟速度较慢，果实酸度低，八成着色时可以采收。

二十九、黔莓1号

'黔莓1号'是贵州省园艺研究所以'章姬'为母本、'法兰帝'为父本杂交选育而成的早熟草莓品种，具有耐寒、耐热、耐旱的品种特点，于2010年通过贵州省品种认定。其植株长势强，结出的果实呈圆锥形，果皮为鲜红色且有光泽，果肉橙红色，髓心白色，果实完全成熟后髓心略有空洞，果肉质地韧，风味酸甜适中，香味较淡，可溶性固形物含量为9%～10%；田间表现为高抗炭疽病和白粉病，易感灰霉病。

三十、黔莓2号

'黔莓2号'是贵州省园艺研究所以'章姬'为母本、'法兰帝'为父本杂交选育而成的早熟草莓品种，具有耐寒性、耐热性，耐旱性较强，匍匐茎抽生能力强，产量高的品种特点，于2010年通过贵州省品种认定。其植株长势强，

花序连续抽生性好，连续结果能力强，果实呈短圆锥形，畸形果少，果皮为鲜红色且有光泽，表面种子为红黄色且凹入果面，果肉橙红色，髓心为橙黄色，果实完全成熟后髓心略有空洞，果肉质地韧，风味酸甜适中，香味浓郁，可溶性固形物含量为 10.2%～10.5%；田间表现为抗炭疽病和白粉病。

三十一、妙香3号

'妙香3号'是山东农业大学用'章姬'与'哈达'杂交选育的暖地草莓品种，于2014年通过山东省品种审定。该品种果实呈圆锥形，果皮为鲜红色且有光泽，果肉鲜红色且肉质细腻，髓心小、颜色为白色至橙红色。'妙香3号'香味浓郁，可溶性固形物含量为 9.8%，平均单果重 29.9g；在保护地促成栽培条件下，白粉病、灰霉病和黄萎病的发病率皆低于章姬，易感染细菌性髓空病，需注意防控。

三十二、妙香7号

'妙香7号'是山东农业大学用'章姬'与'哈达'杂交选育的暖地草莓品种，于2014年通过山东省品种审定。该品种果实呈圆锥形，果皮为鲜红色且有光泽，果肉鲜红色且肉质细腻，髓心小，香味浓郁，可溶性固形物含量为 9.9%，平均单果重 35.5g；在保护地促成栽培条件下，白粉病、灰霉病和黄萎病的发病率皆低于'红颜'和'甜查理'，顶花蕾易畸形，应注意肥水的调控并及时疏花疏果。

三十三、宁玉

　　'宁玉'是江苏省农业科学院以'幸香'为母本、'章姬'为父本杂选育而成的早熟草莓品种，具有耐盐碱、葡匐茎抽生能力强、坐果率高的品种特性，适合促成栽培，于 2010 年通过江苏省品种审定。其植株长势强，植株形态为半直立，结出的果实呈圆锥形，果个均匀，畸形果少，果皮为红色且有光泽，果面平整，果肉为橙红色且肉质细腻，髓心为橙色，味甜香浓，可溶性固形物含量为 10.7%，一、二级序果平均单果重 24.5g；田间表现为抗炭疽病和白粉病。

三十四、宁丰

　　'宁丰'是江苏省农业科学院以'达赛莱克特'作为母本、'丰香'作为父本进行杂交选育得到的早熟草莓品种，具有耐热、耐低温、适应性强的品种特性，适合促成栽培，于 2010 年通过江苏省品种认定。其植株长势强，植株形态为半直立，结出的果实呈圆锥形，果个大，果皮红色且有光泽，色泽均匀，表面种子分布稀且着生状态平于果面，果肉为橙红色，肉质细，风味甜，全年平均可溶性固形物含量为 9.8%，平均单果重 16.51g；田间表现为抗炭疽病、白粉病，中感灰霉病。

三十五、晶瑶

‘晶瑶’是湖北省农业科学院以‘幸香’为母本、‘章姬’为父本进行杂交选育而成的草莓品种，具有耐贮运，连续结果性强的品种特点，于 2008 年通过湖北省品种审定。其植株长势较强，平均株高可达 38.4cm，匍匐茎为红绿色，结出的果实呈长圆锥形，果皮鲜红色、有光泽，表面种子为黄绿色、红色均有且凹入果面，果肉呈鲜红色，髓心小，为白色至橙红色，果实硬度大，质脆味浓，可溶性固形物含量为 13.7%；田间表现为育苗期易感炭疽病，大棚促成栽培抗白粉病强于‘丰香’，抗灰霉病能力与‘丰香’相当。

第二节　日韩系草莓品种

三十六、红颜

　　'红颜'又称红颊，是日本静冈县以'章姬'和'幸香'杂交育成的早熟大果型草莓品种，于2001年引入我国，具有浅休眠、丰产、外观漂亮等品种特性，是理想的鲜食兼加工型的优良品种，适合日光温室及大棚促成栽培。其植株长势强，植株形态直立，匍匐茎发生量多，繁育能力强，但夏季不耐高温，易感染炭疽病；结出的果实呈长圆锥形，果皮和果肉均为鲜红色，着色均匀且有光泽，果实硬度适中，香味浓郁，酸甜适口，可溶性固形物含量平均为14.3％，一级序果平均单果重45g，平均单果重25g；田间表现为较抗炭疽病，耐白粉病。红颜草莓耐湿、耐热能力较弱，耐低温能力强，故而在冬季低温条件下连续结果性好。

三十七、圣诞红

　　'圣诞红'是由'莓香'和'雪香'杂交培育而来的短日照型早熟草莓品种，比红颜早熟7～10天，果实硬度高于'红颜'，耐贮运性中等，具有耐寒性强、耐旱性较强的品种特性。其植株形态直立，株高19cm左右，叶面平展、尖向下，花序平于或高于叶面，结出的果实80%为圆锥形，10%为楔形，其余为卵圆形，萼下着色中等，果皮为红色，表面种子黄色、绿色兼有且微凸于果面，果肉为橙红色，髓心白色，无空洞，果肉细腻且质地绵，风味甜，可溶性固形物含量为13.1%，一、二级序果平均单果重35.8g；田间表现为对白粉病和灰霉病抗性较强，对炭疽病抗性中等。

三十八、隋珠

'隋珠'又名香野，是从日本引进的短休眠草莓品种，是近年来我国栽培面积增长较快的品种，比'红颜'成熟早，具有丰产性好，耐寒性和抗病性较强，耐贮运的品种特性。其植株长势强，结果多，结出的果实呈圆锥形，果个大，果皮为深红色，果肉白色，质地细润、甜绵，果实硬度大，糖酸比高，风味浓郁，可溶性固形物含量为12%~14%；田间表现为对炭疽病抗性中等，对白粉病抗性较强。

三十九、章姬

‘章姬’是日本静冈县农民育种家章弘先生以‘久能早生’与‘女峰’杂交育成的早熟草莓品种，于1996年引入我国，适于促成栽培。其植株长势强，植株形态较直立，叶片大且较薄，叶片数量较少，结出的果实呈长圆锥形，个大，果皮鲜红色，果肉白色至红色，髓心为白色至橙红色，果实偏软，耐贮性较差，香味浓郁，口感甜，一级序果平均单果重为40g，全季平均单果重18g左右，可溶性固形物含量为9%～14%；田间表现为中抗灰霉，易感白粉病和炭疽病，应及时疏花疏果。

四十、栃乙女

‘栃乙女’是日本栃木县农业试验场育成的中熟草莓品种，亲本为‘久留米49号’×‘栃峰’选出优系‘栃木15号’，1996年正式命名为栃乙女，并

于 1998 年引入我国。其植株长势强，叶片大而厚，叶色为深绿色，结出的果实呈圆锥形，果皮为鲜红色且有光泽，果肉为淡红色，髓心为红色，果肉细腻，风味酸甜适宜，汁液多。该品种果实较硬，耐运输，抗病性较强，在果实大小、丰产性等方面优于'女峰'。

第三节　欧美系草莓品种

四十一、甜查理

'甜查理'是以'FL80-456'为母本、'派扎罗'为父本杂交选育而成的美国早熟草莓品种。其植株长势强，根系发达，抗高温、高湿能力较强，植株形态直立且紧凑，结出的果实呈圆锥形，果形整齐，畸形果少，果皮鲜红色且有光泽，表面种子为黄绿色微凹入果面，果肉呈红色，中心髓部组织颜色较浅，有中空现象，口感甜脆爽口，香气浓郁，可溶性固形物含量为 8.5%～10.9%，平均单果重为 25～28g；田间表现为抗白粉病和炭疽病。

四十二、阿尔比

'阿尔比'是以'钻石'为母本、'Cal 94.16-1'为父本杂交选育而成的美国日中性草莓品种，在适宜条件下可以周年结果。其植株长势较强，叶片为椭圆形，结出的果实呈长圆锥形，果个大，畸形果少，果实硬度大，耐贮运，货架期长。该品种果皮为深红色且有光泽，髓心有空洞，果肉质地细腻，风味酸甜适中，一级序果平均果重为 31g；田间表现为抗白粉病和灰霉病，较抗炭疽病。

四十三、圣安德瑞斯

'圣安德瑞斯'是以'阿尔比'为母本、'Cal 97.86-1'为父本杂交选育而成的美国日中性草莓品种，具有适应性广、高产、果实美观、耐贮运的品种特性。其植株长势强，株形紧凑，根系健壮，叶片为长圆形，大且厚，叶色为深绿色，果实呈长圆锥形，硬度大，果皮为深红色，表面种子为红黄色且凹入果面，果肉红色，髓心空洞小或无，香味浓郁，酸甜适中；田间表现为抗白粉病、叶斑病、炭疽病和黄萎病，对红蜘蛛有较强抗性。

第三章

草莓基质栽培

第一节　基质栽培现状

基质栽培是以草炭或森林腐叶土、蛭石等轻质材料做栽培基质固定植株，让植物根系直接接触营养液，采用现代化科学管理技术的新型栽培模式。

一、日本基质栽培发展

种植草莓收入可观，它是一种高效益的经济作物。在日本，草莓曾作为一个最重要的农产品来发展，但是近些年来，从事草莓生产的人越来越少，尤其是年轻人。有人推测日本草莓生产有在 10 年或 15 年内消失的危险，原因是许多人承受不了草莓生产的体力劳动。草莓的栽培从采苗开始，到育苗场管理、收获等，1 年总劳动时间达 2000～2500h，而且大多数作业要求弯腰屈膝，因此生产者的身体负担重，加上生产者高龄化，导致近年来草莓种植面积减少。日本福冈县 1991 年草莓种植面积达 650hm^2、总收入达 200 亿日元，1998 年为 581hm^2，减至 1991 年高峰时的 89％。长崎县在 1996 年草莓生产毛收入第 1 次突破 100 亿日元，1998 年栽培面积为 285hm^2，产量 9390t，是全日本栽培面积第七的主要草莓生产县，但是比高峰时的 1990～1991 年，草莓种植农户数已有所减少。以往草莓的研究偏向于优质、高效，没有关注生产对生产者健康的影响。事实上，草莓生产者的理想是省工、省力，因此省力栽培方式的开发就成为当务之急。同时，随着农户对栽培环境要求的呼声日益高涨，人们开始研究、推广经济可行的高架栽培。以长崎县为例，从 1995 年开始高架栽培系统开发栽培实验，1997 年开始正式推广，普及情况为 1997 年 5.3hm^2，1998 年 10.9hm^2，1999 年 13.5hm^2，发展速度很快。目前，在日本，80％的草莓生产采用基质栽培，降低了劳动强度的同时提高了草莓的品质。

二、国内草莓基质栽培发展

随着草莓产业的发展，草莓连作障碍日益突出，表现在草莓种苗的成活率下降，草莓产量和品质有所下降等。草莓是劳动密集型产业，随着我国草莓产业的发展，从事草莓产业的农户年龄普遍偏大，劳动强度在相对增加，从草莓生产者的人口特征来看，从业者中 50 岁以上群体占比超过 70％以上，且普遍仅有小学文化程度。随着草莓产业的快速发展，现有从业者的体能和文化素质难以适应日益提高的栽培技术要求。同时经过多年的发展，草莓产业需要产业升级，以提升我国草莓的品质。

另外，目前在观光采摘型草莓园区的发展中仍存在许多问题或制约因素，影响了观光农业的快速发展。一是栽培样式单一、缺乏景观化栽培效果。几乎所有的观光园区在生产上均采用传统的生产模式，仅仅注意了采摘作物的生产功能，而忽略了利用作物从事景观栽培模式的创新，没有进行有效的品种、色彩等的搭配，更没有采取一定措施从事造型栽培，田间景观效果差；审美效果单调。二是配套生产技术有待提高。观光采摘农业与传统农业生产相比，在环境卫生、产品质量、花（果）时期和产品安全性等方面具有更高的要求。而许多园区的生产过程中，由于对草莓生产技术掌握不足，草莓生长状况较差，生产现场难以满足观光采摘的要求。三是观光采摘型草莓的文化创意亟待提升。游人参与采摘，除了要满足对物质产品的需求外，更大程度上还希望从中获得精神、文化、意识上的满足。目前绝大多数观光采摘草莓园区没有注意观光采摘农产品文化创意的设计及挖掘，给游人的印象无非就是采摘而已，严重影响了观光采摘对游客的吸引力。

为了正确引导和推动观光采摘农业快速发展，根据未来的消费取向、消费潜力、消费方式、消费层次和消费规模，确立"以市场为导向、以科技为依托、以多样式栽培为核心、以主题示范园区为窗口，以提升文化品位为战略，以农民增收为目标"的行动方略，全方位拓展观光采摘草莓的栽培方式，提升北京农业的精神文化品位，满足和谐城市建设需要、满足宜居城市发展需要。

通过基质栽培营造与观光采摘主题园区的建设，以及设计观光采摘型农产品文化品位经营模式，形成观光采摘型草莓栽培技术体系和经营模式，全面提升观光农业的文化品位和档次。

草莓基质栽培无论从经济、生态、技术还是社会上都有必要大力推广。

三、草莓基质栽培发展的意义

① 充分利用土地，提高单位面积产量。草莓基质栽培适用范围广，不受地域、土壤、气候、季节等环境条件影响，可扩展农业生产的可利用空间，提高土地利用率，提高亩产和产值。

② 克服连作障碍，降低土传病害风险。草莓生长对水肥条件要求较高，常发生连作障碍。草莓基质栽培不受土壤条件的限制，采用合理配比混合和消毒的人工基质，年年更新基质，基质质地疏松，透气性好，能降低土传病虫害暴发的风险，能克服连作障碍，有效解决重茬问题。相比传统土壤栽培，其消毒措施更便捷且成本低廉。

③ 基质通透性较强，透水透气性好，有利于草莓根系的发育。而且能降低温室湿度，从而降低病虫害发生率，减少农药使用，促进实现绿色防控。

④ 管理方便，省时省力。草莓一年一栽，且经育苗、定植、管理、采收等过程。基质栽培管理省时省力，降低了劳动强度，一人能同时管理 800～1000 m² 面积的草莓，工作效率高，而且便于采摘果实。简化了栽培程序，便于栽培设施操作管理，使草莓栽培、管理向自动化、现代化的方向发展。

⑤ 灌溉施肥精准。基质栽培配备的水肥一体化灌溉系统可根据草莓不同生长发育阶段对水分和养分的需求调整营养液配方，控水、控肥精准，有效提升水分及肥料利用率。

⑥ 改善果实品质，提高生产经济效益。草莓具有生长快、产量高、周期短、品质优等特点。实施标准化生产可确保果品洁净优质，同时改善栽培环境打造更舒适采摘体验，促进农旅融合发展，提高经济效益。

四、基质栽培在其他领域的应用

（一）用于反季节和高档园艺产品的生产

当前多数国家用无土栽培生产洁净、优质、高档、新鲜、高产的蔬菜产品，多用于反季节和长季节栽培。例如，近几年在厚皮甜瓜的东进、南移过程中，基质栽培技术发挥了巨大作用，利用专用装置，采用有机基质栽培技术，为南方地区栽培甜瓜提供了有效的途径，在早春和秋冬栽培上市，经济效益十分可观。

另外，基质栽培也可用于花卉上，多用于栽培切花、盆花用的草本和木本花卉，其花朵较大、花鲜艳、花期长、香味浓，其中，家庭、宾馆等场所采用的无土栽培盆花深受欢迎。另外草本药用植培和食用菌无土栽培，同样效果良好。

（二）在沙漠、荒滩、礁石岛、盐碱地等进行作物生产

在沙滩薄地、盐碱地、沙漠、礁石岛、南北极等不适宜进行土壤栽培的不毛之地可利用无土栽培大面积生产蔬菜和花卉，具有良好的效果。在我国直接关系到国土安全和经济安全，意义重大。例如，新疆吐鲁番西北园艺作物无土栽培中心在戈壁滩上兴建了 112 栋日光温室，占地面积 34.2hm^2，采用沙基质槽式栽培，种植蔬菜作物，产品在国内外市场销售，取得了良好的经济和社会效益。

（三）在设施园艺中的应用

基质栽培技术作为解决温室等园艺中土壤连作障碍的有效途径被世界各国广泛应用，在我国设施园艺迅猛发展的今天，更具有其重要的意义。我国现有温室、大棚 90 万 hm^2 之多，成为世界设施园艺面积最大的国家，但长期土壤栽培的结果，使连作障碍日益严重，直接影响设施园艺的生产效益和可持续发展，适合国情的各种基质栽培形式在解决设施园艺连作障碍的难题中发挥了重要的作用，为设施园艺的可持续发展提供了技术保障。

（四）在家庭中的应用

采用基质栽培在自家的庭院、阳台和屋顶来种花、种菜，既有娱乐性，又有一定的观赏和食用价值，便于操作，洁净卫生，还可美化环境。

（五）在太空农业上的应用

随着航天事业的发展和人类进住太空的需要，在太空中采用无土栽培种植绿色植物生产食物可以说是最有效的方法。基质栽培技术在航天农业上的研究与应用正发挥着重要的作用，如美国肯尼迪宇航中心对用基质栽培生产宇航员在太空中所需食物做了大量研究与应用工作，有些粮食作物、蔬菜作物的栽培已获成功，并取得了很好的效果。

第二节　基质栽培形式

草莓基质栽培模式主要有两种，按照高度分为高架基质栽培和地面栽培。高架基质栽培模式多种多样，根据栽培方式可分为 H 型、A 字型、管道式、可调节式、柱式等。地面栽培常见的有 PVC 槽栽培以及半基质栽培，其中半基质栽培发展迅速。

一、 H 型高架基质栽培

1. 单层 H 型高架基质栽培

采用 C 型钢管做栽培槽水平支撑杆，塑料膜做单层栽培槽。每隔一定距离在水平支撑杆两侧用方钢做垂直支撑杆，两侧垂直杆间用钢片连接以固定，其侧面结构图似英文大写字母"H"（如图 3-1）。

该架式材料简单，制作简易，减轻了支架的负担，降低了成本，经久耐用。H 型支架高度低，架间基本无遮光问题，且更利于人工管理、采摘，省工省时。

2. 双层 H 型高架基质栽培

双层 H 型模式由立柱支架、栽培槽和排水槽组成，栽培槽分上下两层，侧面结构图似两个英文大写字母"H"（如图 3-2）。

图 3-1　单层 H 型高架基质栽培

图 3-2　双层 H 型高架基质栽培

双层 H 型比传统地面栽培单位面积增加种植株数 70% 左右，增加产量 1.5～2 倍。由于上下层光照环境不同，下层比上层草莓采收期延后 2～4 周，能延长温室果实采收期。

3. 三层 H 型高架基质栽培

三层 H 型模式同样由立柱支架、栽培槽和排水槽组成，栽培槽分上、中、下三层，侧面结构图似三个英文大写字母"H"（如图 3-3）。

图 3-3　三层 H 型高架基质栽培

二、后墙管道基质栽培模式

在日光温室后墙上设置通长的栽培管道，根据后墙高度可设置 3～4 排。管道栽培一般采用的是市场常见的 PVC 管道，PVC 管放于水平的钢架结构上固定。具体结构见图 3-4～图 3-7。

1. 安装技术

（1）材料栽培管道　使用的是直径不低于 160mm 的 UPVC 管。

（2）架构栽培管道　上部截面宽 100mm，在温室后墙两排，单排长度不低于 45m，栽培管道用国标 4cm×4cm 方钢每隔 1.5m 牢固固定在后墙上，要

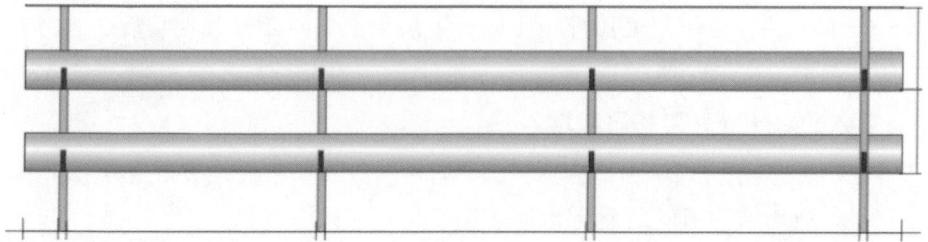

图 3-4　草莓后墙管道基质栽培模式整体示意图

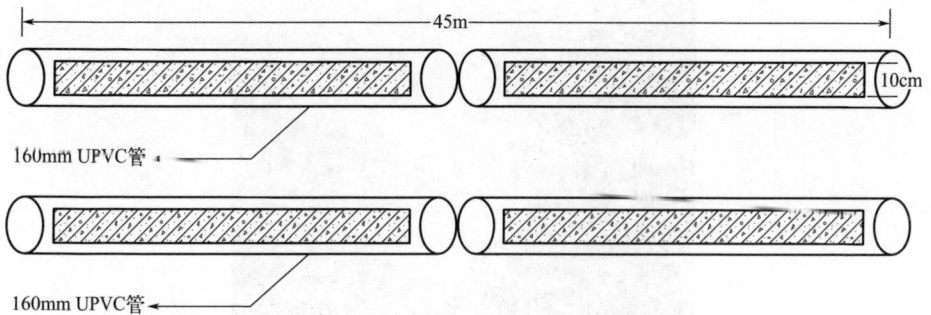

图 3-5　草莓后墙管道基质栽培模式剖面图

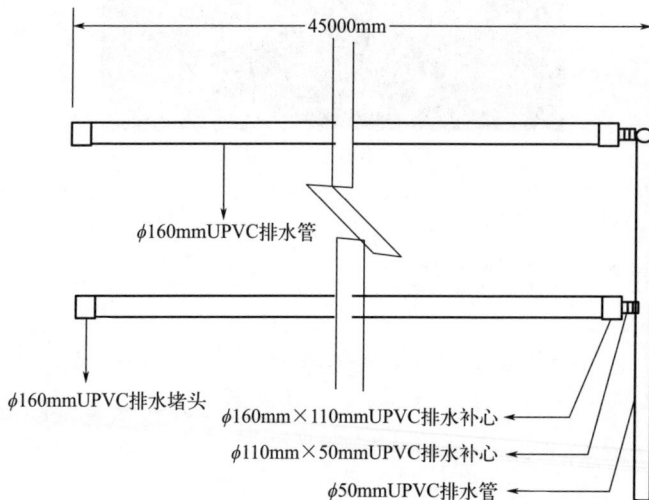

图 3-6　草莓后墙管道基质栽培模式给水

求管道之间连接紧密不要漏水，两排管道间距不低于 50cm，原则上距地面高度 50cm 以上。

图 3-7　草莓后墙管道栽培效果

在管道安装时，供水一侧高出另一端 30cm，倾斜一定角度，有利于水分排出。

（3）基质组成　草炭、蛭石、珍珠岩按 2∶1∶1 比例混合。草炭绒长不低于 0.3cm，珍珠岩粒径不低于 0.3cm，蛭石粒径不低于 0.1cm。三种材料均匀混合好，要求填装紧实，略高于管道截面。

（4）滴灌系统　主管材料为直径 32mm 的 PVC 管道，滴管采用滴距为 15cm 的滴灌带。

2. 优势

墙体栽培不仅不会影响墙体的坚固度，而且对墙体还能起到一定的保护作用，有效地利用了空间，节约了土地，实现了单位面积上更大的产出比。后墙管道的采光条件较好，可充分利用太阳光，有利于草莓植株生长和果实品质的提高。

三、 A 字型基质栽培模式

此种 A 字形栽培架主体框架为钢结构，左右两侧栽培架各安装 3～4 排栽培槽，栽培槽一般用 PVC 材料制作，层间距 57cm，栽培架宽 1.2m 左右；栽培槽一般用 PVC 材料制作，直径为 25cm；立架南北向放置，各排栽培架间距为 70cm。具体示意图和效果图见图 3-8 和图 3-9。

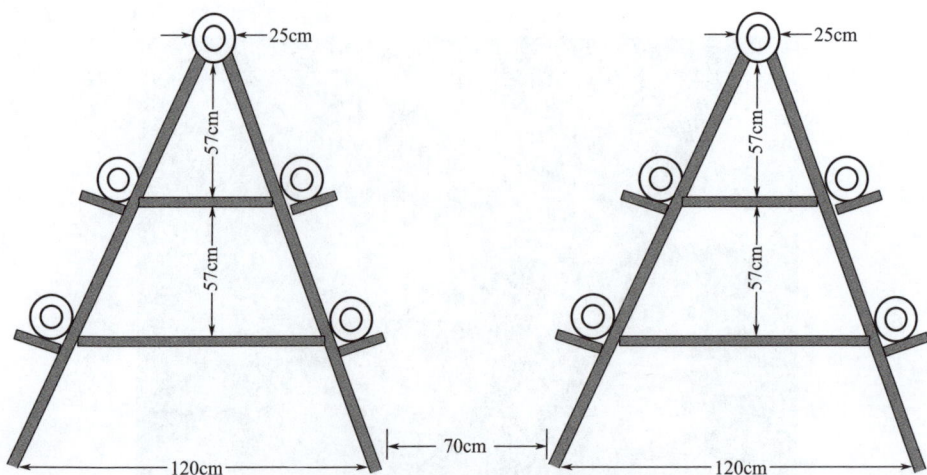

图 3-8　A 字型基质栽培模式结构示意

图 3-9　A 字型基质栽培模式效果

这种形式大大减轻了劳动强度。单位面积栽培架上栽培的草莓数量是平地栽培的 2 倍，产量比原来提高 1.6 倍。

四、可调节式基质栽培模式

可调节式基质栽培模式是将宽 10cm、深 10cm 左右塑料膜栽培槽悬吊于空中，草莓单行种植。平时栽培槽可紧密排列，当需要进行行间操作时，可电动控制以调整栽培槽悬吊高度与间距（如图 3-10）。

图 3-10　可调节式基质栽培模式效果

　　该种栽培模式的优点是栽培槽下方空间大，可进行育苗等其他作业，充分利用温室空间。

五、柱式栽培模式

　　（1）吊柱式栽培模式　　栽培柱采用比较轻便的 PVC 管材，在管的四周按螺旋位置开种植孔，上端用滴箭供给营养液，充分利用了温室上层空间，展示效果美观（如图 3-11）。

图 3-11　吊柱式栽培模式效果

　　（2）家庭立柱式　　该模式由一根立柱和若干只 ABS 工程塑料盆钵经中轴串联而成，可推动旋转，使柱上植物均匀采光。通过最上层滴淋装置和各层花盆底孔的渗漏作用浇水施肥。这种架式新颖美观，配以不同颜色的花盆，立体绿化、美化效果强，占地小，适合家庭阳台种植（如图 3-12）。

图 3-12 家庭立柱式栽培模式效果

第三节　常用栽培基质

基质根据分类可以分为有机基质、无机基质以及有机＋无机混合基质。有机基质，如草炭、稻壳、锯末等；无机基质，如蛭石、珍珠岩、岩棉等（如图3-13、图3-14）。各种基质的组成及特点见表3-1。

(a) 石砾

(b) 陶粒

(c) 珍珠岩

(d) 蛭石

图 3-13 常见的无机基质

(a) 泥炭

(b) 椰糠

(c) 秸秆

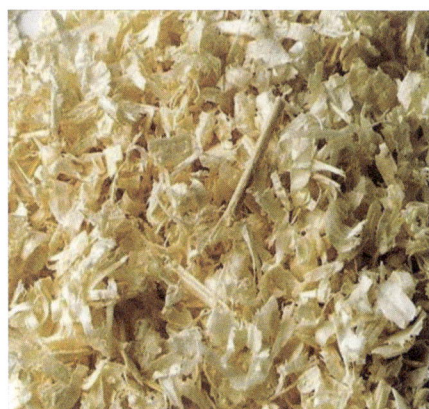

(d) 锯末

图 3-14

第三章 草莓基质栽培 055

(e) 锯末

(f) 稻壳

图 3-14　常见的有机基质

表 3-1　各种基质的组成及特点

类型	组成	优点	缺点
无机基质	石砾、细沙、陶粒、珍珠岩、岩棉、蛭石等	化学性质比较稳定，通常含有较低的阳离子交换量	没有营养成分，需要持续补给作物生长所需的营养
有机基质	堆肥、泥炭、锯末、椰糠、炭化稻壳、腐化秸秆、棉籽壳、芦苇末、树皮等	含有一定的营养成分，材料间能形成较大的空隙，从而保持混合物的疏松及容重	各批量间品质差异大，有机成分的分解、吸收、代谢机制尚不明确，影响了其自动化控制的应用
混合基质	草炭和蛭石、草炭和珍珠岩、有机肥及农作物废弃物混合等	可以根据实际需要，灵活配置基质	由两种或两种以上基质混合配制而成，比例不同性质差异较大，有一定应用难度

基质栽培的基质需要满足以下条件。

1. 具有一定大小的固形物质

这会影响基质是否具有良好的物理性状。基质颗粒大小会影响容量、孔隙度、空气和水的含量。按照粒径大小可分为五级、即：1mm；1mm～5mm；5mm～10mm；10mm～20mm；20mm～50mm。可以根据栽培作物种类、根系生长特点、当地资源状况加以选择。

2. 具有良好的物理性质

基质必须疏松，保水保肥又透气。南京农业大学吴志行等研究认为，对蔬菜作物比较理想的基质：粒径最好在 0.5～10mm，总孔隙度＞55%，容重为

$0.1\sim0.8\mathrm{g/cm}^3$，空气容积为 $25\%\sim30\%$，基质的水气比为 $1:(2\sim4)$。

3. 具有稳定的化学性状

具有稳定的化学性状，本身不含有害成分，不使营养液发生变化。基质的化学性状主要指以下几方面：

（1）pH 值　反映基质的酸碱度，非常重要。它会影响营养液的 pH 值及成分变化。pH＝6～7 被认为是理想的基质。

（2）电导度（EC）　反映已经电离的盐类溶液浓度，直接影响营养液的成分和作物根系对各种元素的吸收。

（3）缓冲能力　反映基质对肥料迅速改变 pH 值的缓冲能力，要求缓冲能力越强越好。

（4）盐基代换量　是指在 pH＝7 时测定的可替换的阳离子含量。一般有机基质如树皮、锯末、草炭等可代换的物质多；无机基质中蛭石可代换物质较多，而其他惰性基质则可代换物质就很少。

4. 要求基质取材方便，来源广泛，价格低廉

在基质栽培中，基质的作用是固定和支持作物；吸附营养液；增强根系的透气性。基质是十分重要的材料，直接关系栽培的成败。基质栽培时，一定要按上述几个方面严格选择。北京农业大学园艺系通过 1986～1987 年的试验研究，在黄瓜基质栽培时，营养液与基质之间存在着显著的交互作用，互为影响又互相补充。所以水培时的营养液配方，在基质栽培时，特别是使用有机基质时，会受基质本身元素成分含量、可代换程度等因素的影响，而使配方的栽培效果发生变化，这是应当加以考虑的问题，不能生搬硬套。

综合以上条件，目前在草莓实际生产中，基质栽培常用的基质有草炭、蛭石、珍珠岩、椰糠、蘑菇渣等。

一、草炭

泥炭又叫草炭，是由各种植物残体在水分过多、通气不良、气温较低的条件下，未能充分分解，经过上千年的腐殖化后，形成的一种不易分解、性质十分稳定的堆积成层的有机物。草炭属于不可再生资源，椰糠渐渐成为现在生产上代替草炭使用的新型园艺栽培基质。

1. 草炭的特性

我国草炭含水量在 $60\%\sim80\%$，在水分含量低的情况下，还可从空气中

吸收 20％的水分，在农业利用中，可改善保水性；有机质在 30％～90％，腐殖酸含量一般为 10％～30％，高者可达 70％以上，灰分 10％～70％；含有 22 种氨基酸、丰富的蛋白质和腐殖酸态氮，磷、钾含量较多，还包括钙、镁、硅等中量元素及铁等其他多种微量元素。草炭能改善土壤的一些理化性状，使土壤的有机质和腐殖质含量增多、pH 值下降、微生物数量增多等。同时，还可以防止土壤硬化，疏松黏质土，调节砂质土。在栽培中具有促进生长、提高成活率、延长花期、缩短生育期等方面的功能。

2. 草炭应用

现今世界泥炭开采量（近 2 亿 t/a）的 70％都用于农业。俄罗斯在近 10 年来，用于农业（包括园艺）的泥炭数量已占年总产量的 60％；波兰、匈牙利、捷克共和国、斯洛伐克共和国、加拿大、美国和瑞典等国家生产的泥炭也大部分用于农业。

草炭在农业上的应用，具有种类多、用量大、综合效益高等特点。主要是用于制备各种腐殖酸类肥料（主要品种包括腐殖酸铵、腐殖酸氮磷以及泥堆沤肥等）、营养土、营养钵以及饲料等。实际应用中，草炭多用于与其他介质一起配制栽培营养土。在当前的研究中，针对特定植物的泥炭混合基质的配比，较受研究者的关注。法国用泥炭加入火山凝灰物质（体积比 1∶1）混合制成营养土用于栽培花卉，效果良好。德国西部则把草炭加工成颗粒状，用于提高温室中作物的产量和品质。中国目前也已获得多种花卉、蔬菜的最适宜的草炭混合基质的配比。在草莓生产上，一般按照草炭∶蛭石∶珍珠岩＝2∶1∶1 制成混合基质，作为草莓育苗基质和种植栽培基质使用。

二、蛭石

蛭石是一种天然、无毒的黏土矿物，由云母风化或蚀变而成。蛭石是硅酸盐，层间存在大量的阳离子和水分子。蛭石为褐黄色至褐色，有时带绿色色调，有土状光泽、珍珠光泽或油脂光泽，不透明。

园艺用蛭石常用规格有两种：1～3mm（用于育苗）、3～5mm（用于无土栽培等）。其他规格有：8～12mm、4～8mm、2～4mm、1～2mm、0.3～1mm、40～60 目、60～80 目、80～100 目、100 目、150 目、200 目、325 目等（图 3-15）。

1. 蛭石的特性

具有良好的阳离子交换性和吸附性，可改善土壤的结构，储水保墒，提

1～3mm规格蛭石

3～5mm规格蛭石

图 3-15　各种蛭石规格

高土壤透气性和含水性，使酸性土壤变为中性土壤；可起到缓冲作用，阻碍 pH 值迅速变化，使肥料在作物生长介质中缓慢释放；可向作物提供 K、Mg、Ca、Fe 以及微量的 Mn、Cu、Zn 等元素。蛭石的吸水性、阳离子交换性及化学成分特性，使其起着保肥、保水、储水、透气和矿物肥料等多重作用。

2. 蛭石应用

蛭石由于独特的理化特性，不但可以作为土壤改良介质改善土壤理化性质，还能用于花卉、蔬菜、水果栽培、育苗等方面作为栽培介质。其阳离子交换能力强，在分子结构中可以保持养分然后缓慢释放到生长介质中，能够有效地促进植物根系的生长和小苗的稳定发育，促进植物较快生长，增加产量，故作为无土栽培的垫层及蔬菜、水果、花卉、家养植物生长的分离隔层很有用（如图 3-16、图 3-17）。

图 3-16　蛭石作为土壤改良介质

图 3-17　蛭石作为栽培介质

三、珍珠岩

珍珠岩是一种火山喷发的酸性熔岩经急剧冷却而成的玻璃质岩石，因其具有珍珠裂隙结构而得名。珍珠岩常见规格有两种：2～4mm、4～7mm（如图 3-18）。

1. 珍珠岩特性

珍珠岩无毒、无味、不腐、不燃、耐酸碱，化学性质稳定，pH 值呈中

图 3-18　珍珠岩常见的两种规格

性。珍珠岩内部呈蜂窝状结构，吸水性可达自身重量的 2～3 倍，具有良好的透水透气性，是栽培和改良土壤的重要基质，可以有效地降低土壤黏性和密度，增加土壤透气性，提高栽培效果。

2. 珍珠岩应用

一般可用于农业、园林、花卉的育苗、扦插和栽培上。可作为土壤调节剂，改良土壤；保水、保肥和透气性良好，可促使根系旺盛生长；作为杀虫剂和除草剂的稀释剂和载体；防止农作物倒伏；控制肥效。

四、椰糠

椰糠是由椰子外壳加工而形成的天然种植材料，是目前比较流行的育苗、种植基质，适合蔬菜、花卉、水果的无土栽培。椰糠作为基质有三种类型（图 3-19）：椰糠压缩块、椰壳纤维片和椰壳碎片。椰糠压缩块是水藓泥炭的理想替代物；椰壳纤维片是专为种植爱好者设计的产品，可直接放入花盆中，加水后即可膨胀；椰壳碎片是理想的盆栽树皮替代物，用于兰花盆栽和花坛装饰。

1. 椰糠的特性

椰糠 pH 值为 5.0～6.8，碳氮比约 80：1，有机质含量为 940～980g/kg，有机碳含量为 450～500g/kg。保水透气性好，结构稳定，天然有机，不含虫

(a) 椰糠压缩块

(b) 椰壳纤维片

(c) 椰壳碎片

图 3-19　三种类型椰糠基质

卵，性价比高，环境友好，可循环使用 5 年以上。具体化学成分参考指标见表 3-2。

表 3-2　椰糠化学成分参考指标

指标	数值
pH	5.0～6.8
碳氮比	80∶1
纤维素/%	20～30
木质素/%	65～70
有机质/(g/kg)	940～980
有机碳/(g/kg)	450～500

2. 椰糠的应用

在草莓生产上，椰糠能够充分保持水分和养分，可促使根系旺盛生长，同时，其自然分解缓慢，可延长基质的使用周期，降低生产成本。椰糠可以单独作为基质，也可和草炭、珍珠岩等其他基质混合使用。椰糠是水藓泥炭的理想替代物，可应用于农田、园艺、景观、育苗、蘑菇生产等。但目前在生产上，椰糠脱盐没有制定明确的标准，盐分含量差异很大，限制了其推广应用。

五、蘑菇渣

随着我国食用菌产业迅速发展，在其采收后会产生大量的蘑菇渣废料，为了节约资源、避免环境污染，蘑菇渣基质应运而生。蘑菇渣基质是由蘑菇菌棒经过发酵或高温处理后，形成一个相对稳定并具有缓冲作用的全营养栽培基质原料（如图 3-20）。蘑菇渣基质生产过程：蘑菇渣破袋以后粉碎、过筛，制成长度在 0.5~1cm 以下的细碎菇渣；经过高温发酵以后，调整其 pH 值，使之适合植物生长，经过晾晒以后形成蘑菇渣基质。

图 3-20　蘑菇渣

1. 蘑菇渣特性

蘑菇渣疏松多孔，能替代草炭用于生产栽培。相比于草炭，蘑菇渣具有通气性好、渗透性强的优点，但其持水量少，保水性强，浇水方式应以少量多次为宜。

2. 蘑菇渣的应用

蘑菇渣中不但有粗蛋白、粗脂肪和无氮浸出物，还含有钙、磷、钾等矿物质元素，在农业生产中具有很广的应用前景。虽然蘑菇渣具有多种优点，但因为 pH 值、EC 值偏高，加之市场上还没有明确的脱盐标准，限制了蘑菇渣基质的发展。

六、草莓基质栽培基质比例

在草莓基质栽培中，一般选择草炭：蛭石：珍珠岩按照2：1：1制成混合基质。草炭绒长要求不低于0.3cm，蛭石粒径要求不低于0.1cm，珍珠岩粒径要求不低于0.3cm（如图3-21）。

图3-21　草炭、蛭石和珍珠岩的比例为2：1：1

此种混合基质具有以下优势。

① 混合基质间空隙适中，有利于草莓根系深扎。

② 混合基质中草炭绒长0.3cm以上，能增加草炭自身表面积，使其快速吸收并锁定水分，增加基质的保水性；能提升草炭自身养分释放，促进微生物繁育，提供适合草莓生长的根系环境；能降低混合基质pH值，延长肥料的持久度；能牢固吸附并保存肥料，避免其挥发，提升肥效。

③ 混合基质中蛭石粒径0.1cm以上，能保障其阳离子交换性，促进自身中微量元素释放，为草莓生长提供必备的矿物质元素；能隔温，降低气温对混合基质的影响，提升其保温性；能增加缓冲性，避免产生肥害，有效控制肥料施用，降低成本。

④ 混合基质中珍珠岩粒径0.3cm以上，能改善混合基质的密度，保障其透水、透气性；其密度小，能降低基质总重量，减轻混合基质对栽培槽体的压迫。

第四章

草莓基质栽培技术

第一节 高架基质栽培

H型高架基质栽培，作为高架基质栽培应用最广泛的模式之一，是指在温室中建立高 1.2m（20cm 埋入地下，即距地面高为 1m），长度为 6m 的 H型高架，利用 PVC 膜、黑白膜、防虫网、无纺布包裹基质，采用水肥一体化技术施用肥水的栽培模式。具体结构见图 4-1 与图 4-2。

一、安装技术

（一）平整土地

对温室土地经过初步整平后灌水，进行水夯后再进行平整，如此反复两次可使温室土壤变得比较紧实，防止温室地面下沉导致栽培架下陷倒塌。生产中，在平整温室地面时，按照北高南低相差 10cm 的高度差进行整地。如此可使栽培架保持一定的坡度，利于水分的排出。

土地平整完成后，根据温室面积铺设园艺地布，园艺地布规格为 $90g/m^2$。

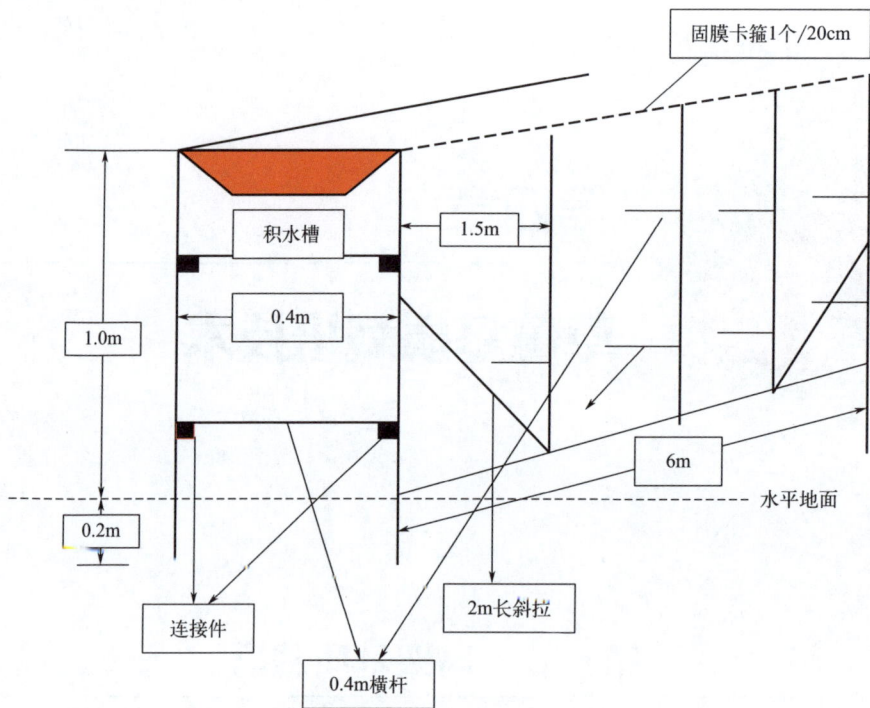

图 4-1　草莓 H 型高架基质栽培模式示意 1

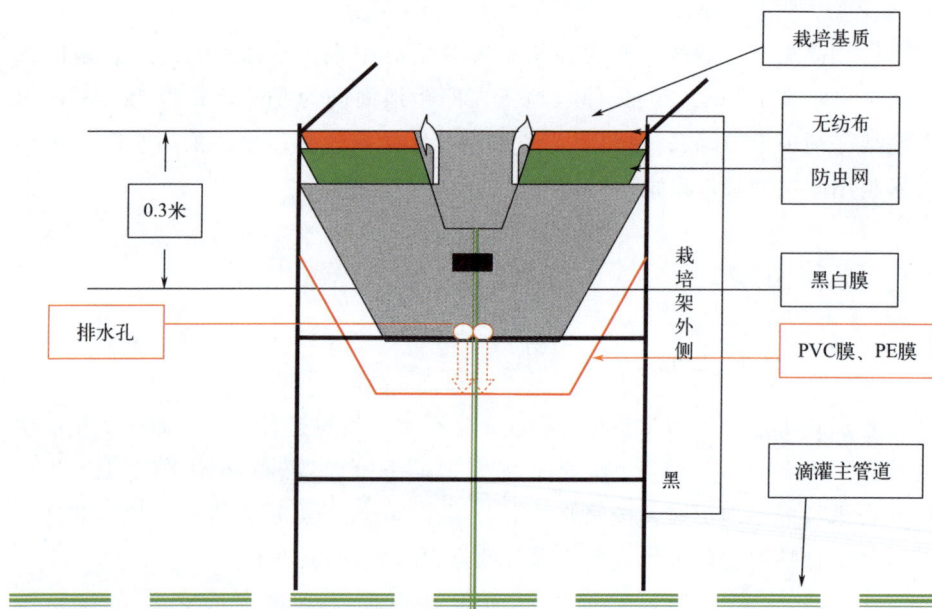

图 4-2　草莓 H 型高架基质栽培模式示意 2

（二）栽培架安装

50m×8m 的标准温室以 110～120cm 行距建议安装 45～50 个栽培架。栽培架采用国标 3/4 英寸（19.05mm）（外径约 26.7mm）钢管做栽培槽水平支撑杆，每隔一定距离在水平支撑杆两侧用钢管做垂直支撑杆，两侧垂直杆间用钢片连接以固定，其侧面结构图似英文大写字母"H"（如图 4-3）。

为了保证水分的顺利排出，栽培架要有一定的坡度。每个栽培架一般有 5 个 H 型支架，在将其固定到地面的过程中，根据从北到南的方向逐渐加深 3～4cm，保证栽培架高度差相差至少 20cm。

（三）栽培槽安装

栽培槽从里到外依次为无纺布、防虫网、黑白膜，将这些材料做成深 30cm，内径宽 35～40cm 的凹槽，最外层可用 PVC 膜/PE 膜进行包裹，形成一个密闭的排水系统，既保温，又可使废液流走，减少水分蒸发，降低湿度。其中黑白膜规格要求 10～12 丝厚，无纺布为 80～120g/m²，防虫网规格为 80～120g/m²。无纺布做的栽培槽可以使用 3 年，用合成树脂做的栽培槽（长 120cm，宽 38cm，深 28cm）可以用 5 年以上，在栽培槽上可以定植 2 行。

裁剪无纺布、防虫网、黑白膜时，可以统一按照宽度为 80cm 规格进行；PVC 膜/PE 膜可按照宽度为 100cm 规格裁剪。各种膜材料的长度尽可能比栽培架多出 1m，并且尽可能为一块整膜。

栽培槽安装注意事项：

① 为了防止栽培槽负重不均匀，出现倾斜倒塌的现象，在每个栽培槽 H 型支架底部横梁下方垫放砖头，减少压强，分散承重压力。

② 在安装膜材料时，要求北高南低。在压膜的过程中，可在膜的内侧放一根 PVC 管，压平安装材料，保证形成的栽培凹槽平整无褶皱（如图 4-4）。

③ 在膜材料安装完后，在膜内侧放一根 PVC 管，每隔 20cm 扎孔，不但有利于水的排出，而且可以降低湿度。在槽内部，可用点燃的香头从上往下烧小孔，由于高温熔孔边缘不会回缩，相比钉子扎孔，烫孔能保持孔径稳定，确保排水通畅。

（四）基质填装

1. 混合基质

草炭、蛭石、珍珠岩、有机肥和缓释中微量元素肥料等混合使用。草炭：

蛭石：珍珠岩比例为 2：1：1。混合基质时，为了增加基质的紧实度和保水保肥性，可适当加入细的河沙，每立方米基质加入 0.2m^3 细沙。为了增加基质的前期养分，在混合基质时可加入适量的优质商品有机肥，每立方米掺入 10～15kg 的有机肥，但是有机肥质量没把握的最好不要掺。在基质栽培中，由于基质本身的特性——透水性很强，颗粒剂肥料和速溶性强的肥料一般不建议在基肥中使用，可以使用缓释包衣肥料。肥料的种类很多，可以根据缓释速度和包衣情况选择性使用。

2. 填装基质

基质填装需分次分批进行，每填一层尽可能压实，填装的量尽量多，确保填装后基质紧实，槽表面呈馒头状最佳，避免因后期浇水导致沉降过度，引起后期折茎（如图 4-3）。干基质质地较轻，如直接填装，不但容易飘散，产生浮尘，而且不容易浇水渗透。所以在混合基质时可灌入一定的水分，增加基质的含水量，不但容易进行填装，而且在填装后浇水容易渗透，利于基质沉降。

图 4-3　装填基质

多次使用的基质在种植前最好添加新基质并进行上下翻倒。如果基质本身很细透水性变差，最好加入适量珍珠岩。最好将珍珠岩用清水浸泡后再添加，对于使用 3 年以上的基质一般增加 1/5 的珍珠岩含量。

在种植前一定要将基质充分清洗一遍，以基质渗出液不浑浊为宜。

（五）滴灌系统安装

1. 滴灌系统组成部分

滴灌系统主要由首部枢纽、管路和滴头三部分组成。

（1）首部枢纽　包括水泵（及动力机）、化肥罐过滤器、控制与测量仪表等。其作用是抽水、施肥、过滤，以一定的压力将一定数量的水送入干管。如图 4-4。

（2）管路　包括干管、支管、毛管以及必要的调节设备（如压力表、闸阀、流量调节器等）。其作用是将加压水均匀地输送到滴头。为了精准灌溉，每根支管上都安装阀门（如图 4-5）。主管材料为直径 32mm 的 PVC 管道，滴管采用滴距为 15cm 的滴灌带。

图 4-4　灌溉首部枢纽

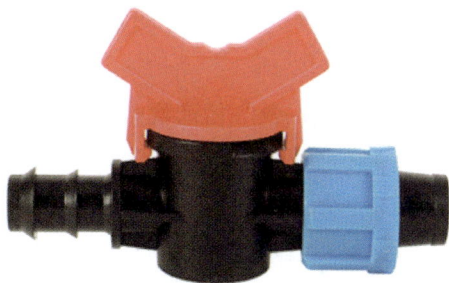

图 4-5　阀门

（3）滴头　其作用是使水流经过微小的孔道，形成能量损失，减小其压力，使它以稳定点滴形式滴入土壤中。滴头通常放在土壤表面，亦可以浅埋保护。

2. 滴灌系统安装

一般每个栽培架铺设两条滴灌带（管），滴头间距可根据定植密度进行调整，常用滴头间距为 20cm，滴灌管安装时使用参照滴灌有关规范。滴灌湿润深度一般为 30cm，滴灌的原则是少量多次，不要以延长滴灌时间达到多灌水的目的。

注意：滴灌带（管）铺设时应略长于栽培架，进水口远端长度应超出栽培架 20～30cm，留出收缩的余量，确保进水口远端畦面也能均匀浇水，防止局部缺水而导致病虫害发生。

3. 滴灌系统的优缺点

（1）滴灌系统具有多种优势

① 节水、节肥、省工：滴灌属全管道输水和局部微量灌溉，使水分的渗漏和损失降低到最低限度，可以比喷灌节水 35％～75％。灌溉可方便地结合

施肥，即把肥料溶解后注入灌溉系统，由于肥料同灌溉水结合在一起，实现了水肥同步，降低了生产成本。由于株间未供应充足的水分，杂草不易生长，显著降低了作物与杂草的养分争夺，从而减少除草作业频次和人工投入。

② 控制温度和湿度：因滴灌属于局部微灌，大部分土壤表面保持干燥，且滴头均匀缓慢地向根系土壤层供水，对地温的保持、回升，减少水分蒸发，降低室内湿度等均具有明显的效果。

③ 保持土壤结构：传统沟畦灌的大灌水量易引起土壤结构劣化：使设施土壤受到较多的冲刷、压实和侵蚀。若不及时中耕松土，会导致严重板结，通气性下降，影响作物根系发育。而滴灌属微量灌溉，水分缓慢均匀地渗入土壤，对土壤结构能起到保持作用，并形成适宜的土壤水、肥、热环境。

④ 提升品质、增产增收：由于作物根区能够保持着最佳供水状态和供肥状态，故能提升品质、增产增收。

（2）滴灌系统的不足

① 易引起堵塞：灌水器的堵塞是当前滴灌应用中最主要的问题，严重时会使整个系统无法正常工作，甚至报废。

② 可能引起盐分积累：当在含盐量高的土壤上进行滴灌或是利用咸水滴灌时，盐分会积累在湿润区的边缘引起盐害。

二、优势

高架栽培和地栽方式相比，定植和收获时工人身体前屈 45°以上的姿势少了，上半身屈 10°左右的站立姿势多了，作业姿势有了改善。应用此技术种植草莓，不仅可使生产者站着栽种和采摘，用工每 $667m^2$ 由原来 5～6 个减少至 1～2 个，大大减轻了劳动强度。而且，因实行高架栽培，通风透光条件好，能有效抑制多种病害发生，保证挂在架子两边的果实清洁卫生，满足了消费者对草莓不仅是新鲜、味美，而且对安全性要求高的需求，适应了草莓无农药和少用药栽培的发展方向。同时，采用该技术种植出来的草莓，销售价格较常规草莓高出近 50%，亩效益可达 5 万～6 万元，是一项十分值得开发的创意农业新技术。同时随着草莓产业的发展，传统草莓生产不可避免地出现草莓连作问题，草莓连作严重影响草莓产业的健康发展。高架栽培中使用的是草炭、蛭石、珍珠岩等基质，可以随时更换和消毒，利于再次利用，可以有效缓解草莓连作障碍的发生。

三、栽培管理技术

（一）定植

根据北方日光温室促成栽培的草莓种植规律，草莓的最佳定植期在处暑（8月23日前后）到白露（9月8日左右）之间。如果种苗较弱，要适当早栽；生长健壮的种苗适当晚栽；假植苗应该晚栽，一般在9月15日至9月20日前后；营养钵苗生长旺盛，一般在10月10日前后种植。

在定植时根据草莓品种特性确定草莓株距，一般欧美品种株距在20～25cm，日系品种在18～20cm。定植时一般采用双行丁字形交错方式进行。

1. 定植操作

在定植前，开展温室消毒，可防治病虫害，利于草莓种苗缓苗。杀虫剂可用11％的来福禄5000倍液、18g/L阿维菌素乳油，杀菌剂可选用20％粉锈宁可湿性粉剂1000～2000倍液或15％三唑酮1000倍液。药剂喷施要对整个温室进行，包括草莓畦面、温室过道、后墙、两侧山墙、温室前脚1m处都要均匀喷施。

定植时选取一根木棍，根据草莓品种适宜株距，截成统一标准距离，在畦面上划出记号作为定植的距离，保证定植方向整齐均匀。将经过整理和药剂处理的草莓苗，在距草莓畦面边缘10cm处用花铲深挖定植坑，保持草莓苗根系顺直，垂直植入后填土，并将草莓苗周围的基质按实。

草莓定植后要及时浇定植水，最好是在定植时边栽边浇，防止种苗严重失水，定植后再用滴灌浇水，此次浇水一定要充足。浇水的标准是看到畦面有积水时，就证明浇足了，停止浇水。在定植完要覆盖遮阳网，尽量不要让太阳直射草莓苗，防止草莓苗失水萎蔫。

2. 定植要点

（1）定植方向　草莓苗的花序从新茎上伸出有一定的规律，即从弓背方向伸出，为了便于授粉和采收，应使每株抽出的花序均在同一方向。因此一般高垄定植时，花序方向即弓背应朝向草莓畦外侧，使花序伸到畦面外侧坡上结果，便于蜜蜂授粉和果实采收。

（2）定植深度　定植时为了快速简单地掌握定植深度，可以用手的拇指、食指抓住草莓种苗，大拇指的指甲根部按住草莓的根茎部，当埋土时发现大拇指的指甲根部埋入基质中这就证明草莓苗埋深了，如果拇指指甲露得多了就证明埋浅了。

（3）定植密度　在实践生产中日光温室促成栽培以合理稀植为好，一般每亩种植草莓苗 8000～10000 株。为了充分利用空间，可采取前期密植，加强叶片管理，中后期适当逐渐疏除部分植株的管理办法，以叶枝不拥挤为准，来提高总产量和总效益。

（4）定植时间　根据多年生产实践经验，具体定植时间应尽量选择在下午光照不是很强的时候，一般在下午 3：00 以后或阴天定植最好。定植时不使用遮阳网，加强空气流通，降低棚内湿度，减少病害发生，另外利用夜间低温，还利于缓苗。

（5）基质苗适当去除基质　基质苗容易早衰，出现团棵现象，即根系团在一起，不向外延伸生长，所以在定植时应适当去除一部分基质。具体标准为拿手捏一下，根系松散，以自然下垂为宜，过长的根系适当修剪，保留 15～20cm。

（二）保温

1. 扣棚保温

适期扣棚保温是草莓促成栽培中的关键技术。在顶芽开始分化后 30 天左右、新茎开始膨大时进行覆膜保温较为适宜。北方地区扣棚可在 10 月中下旬。

生产上棚膜应采用防雾，防流滴，防老化，防尘"四防"膜。

2. 地膜覆盖保温

地膜覆盖宜在扣膜保温后 7～10 天内完成，应选在花序抽生之前进行，以免扣膜操作时弄折花序，影响开花和结果。在草莓生产中应用范围最广的是高压低密度的聚乙烯黑色地膜，根据栽培槽宽选择地膜宽度，一般选择 60cm 宽，厚度 0.008～0.01mm 的地膜。覆膜后应立即破膜提苗，地膜展平后，立即进行浇水。

3. 其他保温

高架栽培模式下，基质保温性差，容易使根系温度过低，可通过以下两种方式进行保温。一是给草莓种植高架下安装塑料膜"围裙"：塑料膜没有严格要求，透明薄膜或者银灰薄膜均可。温室内经过白天光照升温，晚上可以有效保温，次日早上 10 点观测温度。经过试验，此方法可以提高基质温度 3～5℃。还可以降低温室内湿度，从而减少病害发生。二是"双膜"保温：即在温室内距外层塑料膜 30cm 左右下方再罩一层可活动薄膜，白天放下，晚上盖棉被后把可活动薄膜展开罩住，类似春秋棚两侧的风口。

（三）温度管理

草莓不同生长发育期所适宜的温度不同，采取的管理措施也不同。草莓不同生长发育期适宜的温度指标见表4-1。

表 4-1　草莓不同生长发育期适宜温度指标　　　　　单位：℃

草莓生育期		温度	
		白天	夜晚
现蕾期	现蕾率<50%	22～25	5～6
	现蕾率>80%	26～28	6～8
开花期		22～25	8～10
幼果期		20～25	5～8
膨果期		25～28	3～5
转色期		22～25	5～6
成熟期		20～23	5～6

（四）光照管理

草莓叶片的光饱和点约为20000lx，光补偿点为5000～10000lx，开花结果期和旺盛生长期适宜的日照长度为12～15h。在温室栽培中要及时补充光照，保证草莓植株光合作用。生产上应用最广泛的是安装补光灯进行补光，进行增光处理。每盏100 W 灯约照7.5 m² 的面积，将灯架在1.8m 高处，每天下午5：00～10：00 加照5～6h。另外，还可在草莓棚室内的北侧弱光后墙处挂一道宽1.5m 的反光幕，能明显增强棚室北侧的光照，增强植物的光合作用。在早上升起保温被后用抹布将棚膜内的水汽和水滴及早擦去，在外面用抹布将棚膜上的灰尘抹去，增加棚膜的透明度，提高透光率。

（五）水分管理

在日光温室促成栽培中，采用 H 型高架基质栽培技术，根系生长在基质中，透水透气性好，保温保肥性差，容易出现缺水和营养不足的现象。在水分管理上，相较于传统土栽5～7 天浇水1 次的频率，基质栽培的浇水频率要增加，一般为2～3 天浇水1 次，浇水量要小，每667m² 浇水量为0.5～0.8t。

（六）养分管理

为了保证草莓栽培优质高效，在生产中追施肥料应合理施用氮磷钾等大量元素肥料、增加中微量元素肥的施用，平衡科学施肥。施肥的要点是少量多次。可通过随水追施，叶片喷施，悬挂二氧化碳气肥进行养分补充。

1. 随水追施

随水追施时，$400m^2$ 标准温室每次施用 $1\sim1.5kg$，每周随水追施肥料一次。

2. 叶面喷施

叶面喷施时，叶面肥浓度一般为 $0.1\%\sim0.2\%$。花芽分化期，侧重追施磷钾肥，控制氮肥施用，可叶面喷施 0.2% 的磷酸二氢钾；草莓花期应适当增施硼、镁等微量元素，以保证草莓养分的供应，可叶片喷施 0.2% 的硼砂溶液以及 0.2% 的硫酸镁溶液。在硼砂溶液中加入少量尿素可促进硼元素的吸收；转色期控制氮肥用量，增施磷肥、钙肥，可追施 2‰磷酸二氢钾溶液以及 2‰糖醇螯合钙溶液。

3. 二氧化碳气肥

在生产上，目前最常用的方法是悬挂二氧化碳气肥袋。这种气肥袋不需要水、电等外界条件，仅仅通过袋内的碳酸氢铵和催化剂，就能够持续地释放二氧化碳气体，既方便又高效。在悬挂时，悬挂的高度是距离草莓植株上方 $1.2m$ 的位置，悬挂的数量一般每 $667m^2$ 大约 20 袋即可。

（七）植株管理

摘弱芽、去老叶、剪匍匐茎是在草莓生长季需经常多次进行的重要管理工作。

1. 去除老叶

缓苗期间不宜进行植株整理。待缓苗完成，新叶展开，在整个生育期要及时去除老叶和病叶。每次摘叶控制在 $1\sim2$ 张，不能摘叶过度，保持 $5\sim7$ 张展开的叶片。摘叶一定要根据草莓长势和叶片的多少进行摘除，摘叶的重点是草莓畦中间的叶片，这些叶片很容易着光少、平铺地膜上，加上棚膜滴水，这些叶片很容易感染灰霉病。

2. 去除匍匐茎

及时摘去匍匐茎可减少植株的养分消耗，能显著提高产量和果实品质。

3. 去除侧芽

一般除主芽外，在植株外侧再保留 $1\sim2$ 个粗壮的芽，其余小侧芽全部摘除。在摘除侧芽时最好选择在晴天上午进行，最迟在下午 3：00 之前完成。

4. 疏花疏果

生产上要做好疏花疏果工作。疏花应尽早地进行，从疏花蕾开始。首先是疏去同一花序中的次花、小花。第一个花序疏花时保留 7～10 朵，每株留 1～2 个侧花序。疏果后每个花序留果 6～8 个，一株草莓留果 12～16 个为宜。一般疏果率为 15%～20%，疏除发育不正常的幼果、病果、虫果、畸形果以及过早变白的小果。

（八）辅助授粉

1. 蜜蜂授粉

一般在草莓开花前 7～8 天将蜂箱放入温室内，蜂箱位置位于温室的中西部，蜜蜂出入口朝东。每 $667m^2$ 用 5000～6000 只蜜蜂即可。蜜蜂访花时间为上午 8～9 时，下午 3～4 时，活动温度为 15～30℃，利用蜜蜂习性，充分授粉。

2. 人工辅助授粉

使用毛笔，在花瓣内侧花蕊的外侧扫一遍雄蕊，再扫两遍另外一朵花最中间凸起的部分（雌蕊），此时尽量采用异花授粉，能提高坐果率。时间选择在花药开裂高峰期中午 11～12 时。

（九）高架基质消毒

经过几个种植周期，多余的养分会在基质中残留，易造成草莓苗成活率低。鉴于以上基质栽培特点，高架基质消毒可采用液体石灰氮和硫黄粉消毒两种方式，目前应用最广泛的是硫黄粉消毒方法，可达到调酸、杀菌的目的，具体步骤如下。

1. 基质适当灌水

对基质适当灌水，避免基质过度干燥。高温干旱会让承装基质的黑白膜和无纺布等材料老化脱落。

2. 去除大根

用剪刀将地上部分植株和大根去除。待须根腐烂后，及时拔除剩余的大根，以免下季栽培中未腐烂的根系传播病菌造成枯萎病。

3. 撒施硫黄粉

向畦面撒施硫黄粉，用量为每架 400～500g，在基质表面撒匀，不要翻到基质下面去，让硫黄粉随着每次灌水逐渐渗入基质，注意不要超量使用，超量使用会对装填基质的黑白膜和无纺布等造成腐蚀。

4. 覆膜

对基质覆膜，保持其湿度（如图 4-6）；温度保持在 40℃就好，不要超过60℃，温度过高会造成基质发酵，影响下季栽培。栽苗前 7～10 天揭膜，灌水冲洗基质中多余的养分，并用多菌灵、百菌清和噻螨酮等药剂喷施畦面。

图 4-6　覆膜

5. 装填基质

对于旧基质明显减少的，除了装填新基质外，还要将旧基质彻底翻一下，避免其过实，透气差影响草莓长势。

第二节　半基质栽培模式

传统土壤栽培模式下，随着温室大棚草莓种植年限的增长，土壤中大量营养元素含量富集，土传病害逐年加重，土壤盐碱化严重，土壤连作障碍突出。基质栽培虽然在一定程度上解决了连作障碍，具有透水、透气性好等多项优点，但是在积极促进基质栽培技术在生产中运用的同时，还应该清醒地认识到目前基质栽培存在的缺点：由于基质间颗粒空隙较大，水分和肥料营养很容易通过基质，基质的温度也会随着孔隙间空气流动而快速降低，保水、保肥、保温的能力都非常差，导致红蜘蛛等病虫害容易发生，加上专业技术要求严格，一次性成本投入高。

草莓产业的发展一直都是在实践中不断创新，在创新中不断发展的过程。草莓半基质栽培模式就是针对传统土壤栽培和基质栽培中的问题提出的解决办法，是在实践中不断创新而形成的新型草莓栽培模式。自 2012 年开始，路河创新工作室就开始探索草莓半基质栽培模式，经过 3 年不断试验、完善，于 2016 年获批国家实用新型专利，并将其纳入北京市昌平区政府补贴范围，开始进入全面推广阶段。通过新型半基质栽培模式的推广，使草莓的产量和品质得以进一步提升，保障了草莓产业健康、稳定、可持续发展。

草莓半基质栽培模式，是在原有基质栽培技术基础上进行改进，将原有基质栽培与土壤栽培的优点相结合，将土壤与基质优点充分挖掘而来。该种栽培模式呈梯形，下部将土壤回填成三角形，上部铺设基质。

一、安装操作规程

（一）基础介绍

1. 板材选择

常见的栽培槽板材有砖、木板、硅酸钙板等。

砖体栽培槽具有结实耐用的优势，其缺点为：砖体较重，前期搭建过程中投入人力较多；同时砖体较宽，占用空间大，减少了单位面积土壤使用率，从而影响农户经济效益。

木板栽培槽具有轻便、易于安装、前期投入少等优势，其缺点为：木板遇水易变形、耐腐性差；高温干旱情况下，板材延展性降低、变脆易断裂，影响栽培槽使用寿命。

硅酸钙板具有轻便、易于切割、安装等优势；同时板材遇水后有良好的延展性，不易断裂，结实耐用；正常情况下能保证 5 年使用寿命，避免重复打垄，节省劳动力，从而降低成本投入。

2. 栽培槽栽培优势

栽培槽一次搭建，能反复使用，省时省力，降低草莓产前投入成本。避免重复打垄、塌畦、倒畦，降低劳动强度，节省劳动力资源。栽培槽整齐美观，能改善草莓棚室环境，增强采摘观赏性，有利于农业与旅游业结合发展，从而提升农户经济效益。

3. 草莓半基质栽培模式板材规格

在草莓半基质栽培模式中，栽培槽采用性价比较高的硅酸钙板，其规格为宽1.22m、长2.44m、厚0.8～1.0cm。

4. 模式简介

半基质栽培模式采用梯形结构，下底宽0.6m，上底宽0.4m，地上部高0.35m，长度根据每个大棚的实际情况而定，一般长6.5m，农户可采用7～7.5m。400m²标准温室原则上建45～50个栽培槽。具体如图4-7和4-8所示。

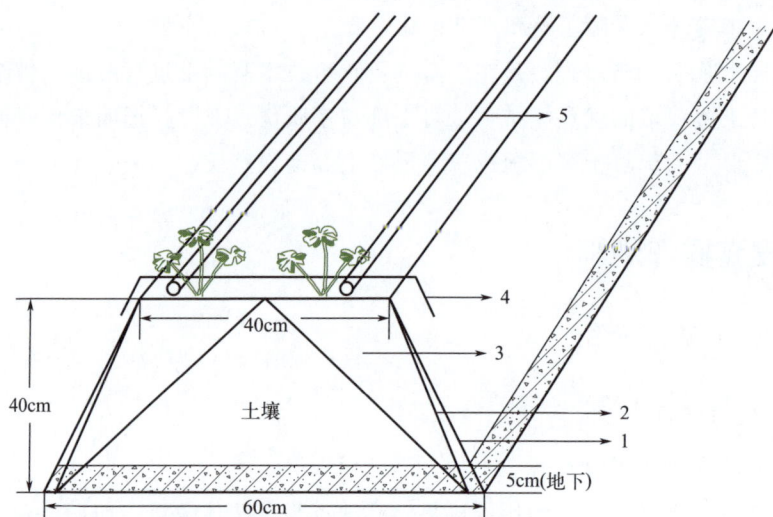

图4-7 草莓半基质栽培模式结构示意图

1—板材；2—PVC膜；3—基质；4—银灰膜；5—滴灌系统

图4-8 安装完成的栽培槽

（二）安装操作规程

1. 板材加工

温室地面要求平整。将原材（硅酸钙板）整板进行加工，加工栽培槽的两侧挡板（宽 40cm 左右、长度为 2.44m）（如图 4-9）；加工栽培槽的两端堵板（上底宽 40cm、下底宽 60cm、高 40cm 的梯形）（如图 4-10）。在对板材进行加工时，要预先将堵板和两侧板材连接的孔打好。所有打孔均在距板材边缘 3cm 处，以防板材破裂（如图 4-11）。

图 4-9　加工两侧挡板

图 4-10　加工梯形堵板

图 4-11　打孔

2. 栽培槽安装

栽培槽为南北搭建，长度根据棚内实际跨度，一般为 6m 左右。栽培槽地下掩埋 5cm，地上留 35cm。栽培槽两侧与两端等腰梯形上底持平，完成栽培槽的搭建。

根据实际打垄数量划线，在垄与垄间过道处挖深度为 25cm 的沟放置栽培槽挡板，之后将过道向下挖 20cm，将所有土壤回填到栽培槽内。板材地下要掩埋 5cm，要填土压实，否则浇水后容易漏水。

在生产实践中广大农户逐渐摸索出一种便捷的固定栽培槽方法。用一块长度为 60cm 左右的木板，在木板两侧做切口，使其和栽培槽形状契合。切口下方边距为 0.4m，深度 3～5cm，能固定栽培槽即可。在安装栽培槽时，将切口卡在两侧板材边缘，多块木板同时固定，不但可以固定板材，而且可以精准掌握栽培槽上部的宽度，使安装好的栽培槽更加标准统一。

两侧挡板如出现小块拼接，拼接的小块板材应固定在靠近堵板的地方，可以适当减轻压力，防止板材损坏。堵板要在两块侧板之间，即在两块板内侧，这样可撑起两侧挡板，起到支撑的作用，防止两侧挡板倒塌。

为固定栽培槽形状，可以用钢筋弯成 U 形卡扣，将两侧板材固定，防止栽培槽因后期不断浇水施肥膨胀撑裂。

3. 铺设内膜、回填土壤

整个栽培槽搭建完成后，槽内部四周贴一层厚度为 0.08～0.12mm 的 PVC 膜，要求覆盖整齐，没有脱落、破损等情况。可用棚膜代替，但不要使用过软的地膜，否则容易贴在板材上，长时间会起绿苔，影响板材寿命。

回填土壤为三角形（如图 4-12），栽培槽内土量不要太少，土量至少达到 2/3，上部基质应占 1/3。土量太少，基质使用量就会增多，不但会提高栽培成本，还会影响半基质栽培的效果。

图 4-12　土壤回填成三角形

4. 填装基质

基质填充紧实，略高于栽培槽，同时保持栽培槽整体完整，没有变形、开裂等情况。基质由草炭、蛭石、珍珠岩按 2：1：1 混合而成。草炭绒长不低于 0.3cm，珍珠岩粒径不低于 0.3cm，蛭石粒径不低于 0.1cm。在填装基质时与草莓 H 型高架基质栽培模式注意事项一致，混合基质时加入混沙，灌水增湿，适当加入有机肥。在种植前一定要将基质充分清洗一遍，以基质渗出液不浑浊为宜。多次使用的基质适量加入珍珠岩，填装时基质要呈馒头状。

特别需要注意的是，要让基质沉降完全。基质填装完毕后，喷灌洒水，使基质完全湿透，一般需浇水 2~3 次。待基质完全沉降后，如沉降量过大，低于畦面，应根据沉降量及时补充基质，再次浇水，使基质湿透沉降。如此反复，直至基质完全沉降后与畦面平行或略高于畦面。

草莓定植缓苗后采用 0.012mm 银黑地膜覆盖畦面。栽培槽之间空地用地膜覆盖降低湿度。

5. 滴灌系统

配备 500L 的塑料施肥桶，配有单独的水泵。主管材料为直径 32mm 的 PVC 管道，滴管采用滴距为 15cm 的滴灌带，要求每槽两条。

二、半基质栽培的优势

半基质栽培模式下，上层用的是基质，可以在每年种植季结束后，通过基质的清洗、消毒等步骤，有效地解决土壤连作障碍，减轻土传病害的发生。采用半基质模式栽培草莓具有以下优势。

1. 保水性提高

保水性又称土壤蓄水性。是指土壤吸入并保持水分的能力。使用常规的基质栽培技术，其水分很容易通过基质，而很难保存，需要采取小水常浇的模式，不然很容易出现缺水现象。采用半基质栽培技术，能够很好地避免以上栽培模式的不足，在上层基质保证通透性的同时，下层土壤可以起到很好的蓄水作用，从而达到既具很好的通透性，又具有较好的保水性。

2. 保肥力更强

土壤的保肥性是指土壤对养分的吸收（包括物理、化学和生物吸收）和保蓄能力。常规的基质栽培技术，全部采用基质栽培，基质间颗粒孔隙较大，毛细管作用弱，不利于水肥的存储，而半基质栽培技术，其土壤部分土壤颗粒间孔隙小，小孔隙多，毛细管作用强，保水性相对基质要高很多，从而将更多肥力保存在土壤中而不被淋失。

3. 保温效果更好

土壤温度是指地面以下土壤中的温度，主要指与植物生长发育直接相关的地面下浅层内的温度。草莓根系深度在 20cm 左右，在常规基质栽培技术中，全部采用基质，基质间具有较大的孔隙，随着孔隙间空气流动，基质的温度会随着室温的降低而快速降低，不利于草莓生长，而采用半基质栽培技术，由于土壤颗粒间的孔隙较小，孔隙间所含空气的流动性不强，使得栽培槽中的温度可以保持，从而保证草莓根系的温度不会随天气温度骤降。

4. 稳定根系

植物根系具有向水性、向肥性、向地性，而常规的基质栽培多采用草炭、蛭石、珍珠岩这些黏着力较差的基质配比，而它们通透性好，保水保肥性不佳，为此在日常管理中常通过控制水肥用量，使肥料集中保存在表层，从而造成草莓根系不向下生长，导致草莓根系浅。而使用半基质栽培技术，可以有效避免上述问题，草莓施肥后，水分和营养物质保存在土壤中，根系根据自身特性，很容易扎入土壤中，从而达到稳定根系的目的。

5. 改善微量元素供给问题

在传统的基质栽培技术使用中，对各营养元素的使用是必需的，对大量元素的追加技术是比较成熟的，然而对微量元素的追加却存在着不足，而半基质栽培技术可以有效地防止微量元素使用不足或一定程度过量对草莓所造成的伤害。因为土壤中含有大量营养元素以及一些微生物，在生产过程中利用土壤的以上优点，可以有效地改善微量元素供给存在的问题。

6. 降低成本

使用该种栽培技术较常规的基质栽培模式，减少了基质的使用量，可以将原有土壤作为栽培槽用土回填。同时由于该种栽培技术增强了保水保肥能力，进一步减少了农民对水肥的投入，降低栽培成本。

7. 减少环境污染

半基质栽培技术采用上面基质、下面呈三角形堆土的结构设计。这种结构能使浇水施肥后，土壤有效保留更多营养，减少向下淋失，既保证了草莓生长所需的营养供应，又有效地减少了土壤中过多的肥料渗入地下，从而减轻了对环境的污染。

8. 减少劳动量

由于采用石膏板材，栽培槽可以反复使用 5 年以上，避免每年重新作畦，极大减轻劳动强度。

9. 外形美观

传统的土壤栽培在生产上因浇水易导致草莓畦塌陷变形，影响生产，同时也不美观。而采用石膏板材，笔直的板材，将基质和栽培土固定在板内，不会出现塌陷的情况，美观实用。

10. 节水节肥

采用半基质栽培，浇水时栽培畦面平整松软，水很容易下渗，不外流，多余的水肥会保留在中间的土壤中，等草莓基质中水肥不足时，通过渗透原理，水肥会从土壤中回到栽培基质中，避免浪费。采用完全基质栽培草莓，水肥会很快下渗流失，造成水肥浪费。

三、日常管理

1. 日常栽培管理

在日光温室促成栽培中，采用半基质栽培技术，相较于传统土栽，缓苗速度快，畸形果率低，产量高。半基质栽培植株生长旺盛，在种苗选择上建议选择裸根苗，防止使用基质苗而导致徒长现象严重。

虽然半基质栽培，上半部分为基质容易缺水，但是由于下半部分是土壤，保水性好，浇水频率相较于高架基质栽培可以适当减少，一般为 3～5 天浇水一次，每 $667m^2$ 浇水量为 0.5～0.8t。每隔 10 天随水追施肥料 1 次，每 $667m^2$ 施用量为 1～1.5kg。其他生产管理措施与土壤栽培草莓基本一致。

半基质栽培模式栽培草莓，如果栽培槽内基质填充不足，后期易发生折茎现象。折茎生长出来的草莓硬度偏软，糖度相对降低 0.5%～2.4%，且果实颜色暗红，没有光泽，严重影响草莓口感和品质。折茎后，减小了草莓对养分的吸收"渠道"，使养分不能充分保证草莓的正常生长。在生产上可以通过以下措施防折茎。

（1）填装足量基质　定植前多填基质，即使在基质冲洗后也要保证基质上有一定凸起的弧度，这样可以将草莓果实向下的力分解一部分，减小草莓枝条的受力臂。

（2）定植不要太靠外　定植时，尽量不要太靠外，植株与栽培槽边缘保持一定的距离。定植时，植株根部弯曲部位斜向前，与半基质栽培槽边缘成45°角，这样可以减小枝条受力强度。

（3）增加硅酸钙板边缘弧度　利用旧的滴灌带或者旧的PVC管，将其破一条口，套在硅酸钙板的边缘，增加两侧板材边缘弧度，减轻果茎的压力（图4-13）。也可在苗的下方垫上玉米秸秆，既可以支撑果柄，还不影响透水透气性。

图 4-13　利用旧的 PVC 管防止折枝

（4）折茎处理　可以用育苗时用的塑料卡子将枝条固定在基质表面，同时将弯曲部位拉直，以保证养分运输通畅。

半基质栽培模式下，植株生长良好，到了生产后期草莓叶片大量生长，植株过密的要及时劈掉老叶、病叶和过密的重叠叶片，为草莓植株创造通风透光的环境，以利其生长，且避免了发生蚜虫等危害时叶片过密不好防治。疏除后要求叶片基本不重叠，密度以从上向下能看到地膜为准。

2. 半基质栽培消毒

（1）去掉上年度草莓根　用剪子贴着草莓心茎，将地上部剪掉，需注意保留适当长度，不宜过短过低，以免后续拔除主根时操作困难；也不宜过长，避免草莓还继续生长。

（2）覆膜浇大水　覆膜保持棚温40℃以上封棚10天左右（图4-14），之后拔除基质中的大根即可。小须根均会腐烂，如此能有效减少劳力，节省成本。

（3）基质消毒　将箱子中的基质翻倒到垄间，用广谱性杀菌剂搅拌后，用大水冲洗。一方面消毒基质，减少病虫害发生；另一方面清洗基质中过多的养

图 4-14　将半基质栽培槽上覆膜

分，避免造成基质盐分过高。

（4）土壤消毒　将栽培槽内土壤翻倒，阳光暴晒 3 天。由于草莓根系生长在基质中，因此半基质栽培模式对土壤消毒不严格。

（5）基质回填　注意基质的用量，由于发酵、消毒等原因基质会消耗一部分，因此基质回填时要根据基质现有的量加以补充；注意基质颗粒大小，基质在使用过程中易造成颗粒磨损，导致基质过细，因此基质回填过程中要根据基质磨损情况适当加入草炭或珍珠岩，以增加基质的透气性。

消毒完成后，在进行基质的回填时不要向半基质槽内添加化肥，可以加入少量有机肥，一方面因为化肥会在定植浇水时淋溶，形成浪费；另一方面，如果淋溶不充分的话，过多的肥料会影响草莓种苗根系的生长，不利于缓苗。

不同栽培年限基质消毒方法如下。

① 栽培年限为 1 年的，在基质表面均匀撒硫黄粉、五福或根泰，不浇水，用白色地膜盖严。靠水蒸气凝结到薄膜上的水，使药剂均匀下渗。覆盖到定植前 15～20 天，去掉白色地膜，翻倒基质，避免基质过实。

② 栽培年限为 2 年的，把基质铲出来，推到前棚脚，用水淋洗基质。然后在表面均匀撒硫黄粉、五福或根泰，再用白色地膜覆盖 15～20 天，去掉白色地膜，然后将基质回填，基质不够的要补充。基质槽下的土壤不用动，给回填后的基质浇水要用喷头，不要用滴灌，干燥的基质用滴灌无法完全渗透，用

喷头浇透后再改用滴灌浇水。

③ 栽培年限 3 年以上的，把基质清出来堆放在前棚脚，用高锰酸钾溶液喷淋基质，然后用白色地膜覆盖 5～6 天后回填。里边的土壤在清出基质后用五福或根泰均匀混合后浇水，用白色地膜覆盖进行高温消毒。

第五章

草莓栽培常见病虫害

在草莓栽培过程中病虫害防治是十分重要的工作。从经济角度而言，合理的植保措施能培育壮苗，在经济阈值允许的范围内确保草莓产量及品质，避免病虫害大规模发生，造成严重的经济损失；就成本角度而言，有效的病虫害管理措施能减少药剂投入，节约劳动力，降低草莓成本投入；就生态角度而言，精确、准确的病虫害处理方式，能减少药剂施用量、避免农药残留，提升草莓质量安全；同时能降低或避免农药对土壤、水源的污染，为草莓产业可持续发展奠定基础。

根据发生原因不同，一般草莓病虫害可以分为三类。

第一，非侵染性病害，又称生理性病害，是由不良环境条件引起的。一般引发非侵染性病害的因素有光照、温湿度、水分、有害气体、肥料等。病害没有传染性，没有明显的发病中心，且发病面积较大。

第二，侵染性病害，又称传染性病害，主要是由病原物造成的，一般引发侵染性病害的因素有细菌、真菌、病毒、线虫、寄生性种子植物等。病害有不同程度的侵染性，有明显的发病中心，随为害程度增加，发病面积沿发病中心向外逐步扩大。

第三，虫害是指有害昆虫对植物生长造成的伤害。虫害有传染性，有明显的一个或几个发病中心，且传染速度快。

第一节　常见生理性病害

草莓栽培过程中，常见的生理性病害主要有缺铁症、缺钙症、缺硼症、缺锌症等。

一、缺铁症

铁是草莓生长过程中极为重要的一种矿质元素，需求量低，但作用明显。铁元素是叶绿素合成过程中的必需因子，缺铁会导致叶绿素含量下降，从而影响光合作用；能参与某些呼吸酶的活化，从而影响呼吸作用；能参与植物体内氧化还原，起电子传递作用；同时能影响草莓的产量及品质，就产量而言，铁元素对单果重有明显的影响；就品质而言，适量铁元素能正向调控果实的色泽、糖度、维生素 C 含量等，从而改善草莓果品品质。

1. 症状识别

铁元素属于不可再利用元素，即元素分配后立刻被固定，因此缺铁症最先表现在幼嫩的叶片。

缺铁症以叶片表现最为明显，严重时会危害整个植株。叶片发病症状，初期幼叶失绿，叶片黄化呈斑驳状；中期叶片仅叶脉为绿色，随着危害程度增加，叶片从叶尖向下、从叶缘向内变褐干枯，严重时新生小叶白化，叶片出现坏死斑，最后导致叶片死亡（图 5-1～图 5-4）。

图 5-1　缺铁症叶片（一）

图 5-2　缺铁症叶片（二）

图 5-3　缺铁症叶片（三）

图 5-4　缺铁症叶片（四）

2. 发病原因

草莓植株中铁元素的吸收主要是通过根系与土壤中离子交换，因此根系生长状况、活性及土壤状况均能影响其吸收和利用。导致缺铁症主要有以下四方面因素：土壤中铁元素匮乏，导致元素吸收率低；土壤中铁元素被石灰质等碱性物质固定，难以吸收利用；土壤水分过多或过少，影响根系活力，降低根系吸收能力；低温导致叶片蒸腾作用减弱，从而降低根系活力，影响元素吸收。

3. 防治措施

（1）测土施肥，明确土壤中铁元素含量，根据测土结果设定施肥方案。一般铁元素含量低于 5mg/kg 时，可每 $667m^2$ 补充硫酸亚铁 3～5kg，从根本上解决铁元素的缺乏；同时增施有机肥，改善土壤理化性质，促进土壤中铁元素的吸收。

（2）合理控制磷肥施用，磷元素能抑制铁元素的吸收。

（3）调节土壤酸碱度。土壤 pH 值过高，铁元素易被固定，降低其吸收利用率，易导致缺铁症。一般可用磷酸、柠檬酸、硫酸亚铁调整土壤 pH 值。

（4）合理灌溉，避免水分过多或过少，改善根系吸收环境。

（5）加强中耕，促进新根生长，提升草莓根系活力，从而促进铁元素吸收。

（6）严重缺铁时，可通过叶面追施铁肥缓解缺素症状，一般可追施 0.2% 的硫酸亚铁或有机螯合铁溶液 2～3 次。

注意：在草莓栽培过程中，缺铁症主要发生在果期，一旦发现缺铁需及时补充铁肥。叶面追施铁肥时尽量选择在晴天上午，此时叶片气孔开合度大，有利于肥料吸收；避免中午施肥，以免蒸腾过快导致施肥浓度增加，产生肥害。

二、缺钙症

钙是草莓生长发育过程中不可或缺的中量元素，在草莓植株生长发育的各个阶段均发挥着关键作用。钙元素能促进根系生长和根毛形成；能活化植物中多种酶，调节细胞代谢；能增强果实硬度，延长挂果期，增加耐储性；能促进果实内芳香物质生成，改善其风味。

1. 症状识别

缺钙症能危害草莓根系、芽、叶片、花器及果实。根系缺钙表现为：根短粗、色暗，根尖生长受阻。叶片缺钙最先在新叶中表现出来，典型症状是叶焦病。初期新叶叶尖失水皱缩，老叶叶缘黄化、从叶尖开始皱缩（如图5-5）；中期叶片由叶尖向下变褐、干枯，叶面皱缩，干枯部位与正常叶片交界有淡绿色或黄色的明显界限（如图5 6），后期叶片全部皱缩，不能展开。芽缺钙表现为：新芽顶端干枯呈黑褐色。

缺钙症主要发生在花期及膨果期。花期缺钙表现为：花萼失水焦枯，花蕾、花瓣变褐（如图5-7～图5-9）。膨果期缺钙表现为：幼果不膨大，变褐干枯，严重时形成僵果。果期缺钙需及时补充钙剂，否则会影响草莓果实品质，导致果小、籽多、顶部烧焦、果实发软、耐储性差等，从而影响草莓商品性（如图5-10）。

2. 发病原因

草莓植株吸收的钙元素主要来自土壤中碳酸盐与磷酸盐，因此根系活力、土壤环境等因素均能影响其吸收。导致缺钙症主要有以下几方面因素：钙元素易被酸性土壤固定，导致难以吸收利用；砂质土壤中钙元素易被淋溶，导致元素缺乏；土壤溶液浓度高或土壤干燥时也能影响其吸收；温度过低或过高，导致叶片气孔关闭，降低根系蒸腾拉力，从而减少元素吸收；钙元素易与氮、钾元素产生拮抗作用，过量施入氮、钾肥能抑制其吸收；大水漫灌、管理不当等农艺措施能加重缺钙症的发生。

3. 防治措施

（1）改善土壤状况，增施腐殖质含量高的有机肥，改善根系吸收环境。

（2）在草莓栽培的整地施肥过程中每 $667m^2$ 加入过磷酸钙 $20～40kg$。

（3）均衡施肥，避免过量施用氮、钾肥，适当保持土壤含水量。

（4）严重缺钙时，可叶面追施 $0.1\%～0.2\%$ 硝酸钙或糖醇钙。

图 5-5　缺钙症叶片（一）

图 5-6　缺钙症叶片（二）

图 5-7　花期缺钙表现（一）

图 5-8　花期缺钙表现（二）

图 5-9　花期缺钙表现（三）

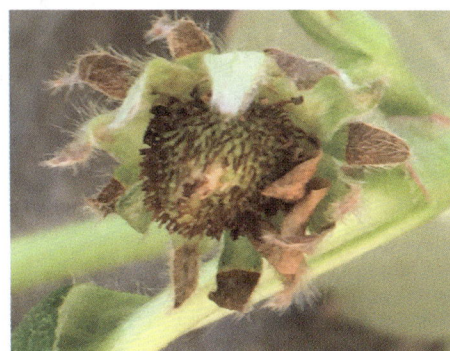

图 5-10　缺钙病果

三、缺硼症

硼作为一种重要的微量元素在草莓栽培过程中作用显著。硼元素能影响细胞分裂、分化、成熟，特别是对生殖器官的发育，其能刺激花粉管萌发与伸长，确保正常受精过程，同时参与花器官发育调控；能促进碳水化合物运输，使养分向花器及果实传递，提升授粉、受精及结实率，改善果实品质；能参与生长素类激素的代谢，影响草莓生长、发育及衰老；同时硼元素对光合作用也有一定的影响。

1. 症状识别

缺硼症能危害草莓叶片、花器及果实。硼元素属于不可再利用元素，缺素最先表现在新叶上。叶片缺硼表现为：初期新叶叶缘黄化，生长点受损，导致叶片皱缩、焦枯；中期老叶叶脉失绿黄化，严重时整个叶片上卷，难以展开。

硼元素对花器的危害十分严重，具体表现为：花小、花而不实，品质下降，不能正常发育、授粉、受精，导致草莓结实率低，果实品质差、畸形果增多（如图 5-11）。缺硼症对果实危害表现为：果实畸形、果小、种子多、果皮龟裂、木栓化，果品品质差，丧失商品价值。

图 5-11　缺硼症草莓花

2. 发病原因

草莓植株中硼元素主要是通过根系在土壤中吸收获得，因此根系活力、土壤状况等因素均能影响其吸收利用。导致缺硼症主要有以下几方面因素：土壤贫瘠、有机肥施入过少，导致土壤本身硼元素含量低；土壤酸化，微量元素淋失严重，导致硼元素大量流失；氮肥施用过多抑制硼元素吸收；土壤过湿或过干、土温不适宜，降低草莓根系活力，影响元素吸收；硼元素在植物体内移动性较差，当草莓快速生长时，也会造成局部缺硼。

3. 防治措施

（1）增施有机肥料，改善土壤状况，提升根系活力，促进硼元素吸收。

（2）合理浇水，提高土壤可溶性硼含量，促进草莓根系吸收。

（3）缺硼严重时，可叶面追施 0.1%～0.2%硼砂溶液 2～3 次。为了提升硼砂吸收率，可适当增施 0.1%的尿素溶液。追施硼肥时尽量选择在晴天上午，以免温度过高，叶片蒸腾过快，导致肥料浓度增高，产生肥害。

4. 注意事项

除了缺乏硼元素以外，能导致草莓落花落果的因素很多，正确判断产生原因、及时调整栽培措施，能有效提升草莓坐花、坐果率。

（1）温度过低或过高均能导致草莓花器缺陷，引起落花落果。在草莓栽培过程中，温度低于 3℃时，花器中雌蕊、柱头就会发生冻害；温度高于 40℃时会导致高温热害。

［改善措施］合理控制温度，骤然降温或升温时，及时做好农艺措施，以免因温差过大导致落花落果。

（2）植株徒长　草莓花期植株徒长能影响其养分供给，产生落花落果。改善措施：增施磷钾肥，控制氮肥用量。磷钾肥能促进花芽分化、开花结实，有利于保花保果；而氮肥主要是促进植株茎叶生长，过量施用能打破植株营养生长和生殖生长的平衡，导致花器养分不足，产生落花落果。适当降低温度，能抑制草莓植株生长，促进花芽分化，从而改善植株生长平衡，以实现保花保果的目的。

（3）合理控制湿度　土壤湿度过小，草莓植株易缺水，会促进离层产生，导致落花落果；若土壤湿度过大，能促进植株生长，易导致徒长现象。

［改善措施］合理控制水分，不同栽培模式其浇水频率、浇水量不同，一般高架基质栽培 3 天浇水一次，半基质栽培 3～5 天浇水一次。

注意：浇水频率需根据天气状况及不同生长阶段适当调整。

空气湿度过高易产生高湿病害，同时棚膜滴水也能导致落花落果。

［改善措施］及时通风，调整温室内湿度。

四、缺锌症

锌元素在草莓栽培过程中的作用显著，能参与光合作用、呼吸作用；能参与碳水化合物合成、运转，参与部分酶的活化，参与生长素的形成；能影响植物繁殖器官的发育，对草莓花芽数、单果重及产量有显著影响；能提升草莓的抗寒性和耐盐性。

1. 症状识别

缺锌症主要危害草莓叶片，俗称小叶病。叶片缺锌表现为：初期老叶基部变窄；中期窄叶部分伸长，新叶叶缘黄化，叶脉微红；后期新叶叶缘白化，形成细长小叶，老叶发红且叶缘有明显锯齿状。

2. 发病原因

导致缺锌症的原因多种多样，主要是以下几方面因素：砂土、盐碱地以及被淋洗的酸性土壤，易导致缺锌症；土壤地下水位过高，也是易导致缺锌症的重要原因；土壤中有机物和水分含量过少，是引起缺锌症的重要因素；过量施肥，导致土壤中氮、磷元素含量过高，能抑制锌元素的吸收；铜、镍等元素不平衡。

3. 防治措施

（1）改良土壤，增施有机肥，增加土壤透气性。

（2）缺锌严重时，可叶面追施 0.5‰～1‰硫酸锌溶液 2～3 次。

第二节　常见侵染性病害

一、白粉病

在草莓栽培过程中白粉病是常见的真菌病害之一，整个生长季均可发生且危害严重，因此白粉病的有效防治十分重要。草莓以鲜食为主，因此果期防治白粉病，必须首先考虑食品安全问题。

1. 发病特点

草莓白粉病菌为专性寄生菌，其病菌在植株上能全年寄生，条件适宜时即可发病。

白粉病发生的适宜温度为 15～25℃；分生孢子发生、侵染的适宜温度为 20℃左右，一般低于 5℃或高于 35℃均不发病。空气相对湿度 80％以上发病较重，栽培基质过干或连续干湿交替也易发生病害。

2. 症状识别

白粉病主要危害叶片、花器、果实、叶柄、果柄及匍匐茎。初期叶背面产生白色菌丝（如图5-12）；中期叶片向上卷曲呈汤匙状（如图5-13），白色菌丝形成白粉状微尘，叶片有蜡质层；后期叶片覆盖着白色霉层。

图5-12　白粉病叶背病害表现

图5-13　白粉病叶片

生殖生长阶段，白粉病主要危害草莓花器及果实。花器危害表现为：花瓣呈粉红色，花蕾不能开放，形成无效花。幼果危害表现为：果实不能正常膨大、停止发育，形成白色霉层，严重时幼果干枯、硬化，形成僵果（如图5-14）；成熟果实危害表现为：果实着色差、表面硬化、有大量白粉，失去商品价值，严重时果实腐烂（如图5-15、图5-16）。

图5-14　白粉病僵果

图5-15　白粉病腐烂果实（一）

图5-16　白粉病腐烂果实（二）

3. 发病原因

导致白粉病发生的原因有很多，主要归结为以下方面：栽培密度过大，导致植株长势弱、抗性差；水分不合理，引起栽培基质高温干旱与高湿交替；氮肥施用过量，引起植株徒长，导致田间郁闭；选择抗病性较差的品种、温室结构不合理、管理粗放等因素。

4. 传播途径及侵染过程

日光温室草莓生产以促成式栽培为主，白粉病菌不经过越冬，能在草莓上全年寄生，当环境条件适宜时产生的分生孢子，即可成为初侵染源，从而引起白粉病的发生。

叶片侵染过程：病菌接触健康叶片24h后即可萌发；5天后，在侵染叶片上形成白色粉状物；7天后，分生孢子成熟可进行二次侵染；10天后，病源快速感染，形成发病中心；若没有及时有效的防治措施，一般14天后白粉病大规模流行。

5. 防治措施

白粉病共有4个高发期。第一个阶段：9月下旬至10月；缓苗后天气干燥，浇水量大，而10月扣棚后，棚内温度高、湿度大，有利于白粉病的发生。第二个阶段：12月下旬至次年1月下旬，草莓果实膨大期；北方冬季日照时间短、光照弱、温度低，而此时草莓果实膨大，需水量的增加导致棚内湿度上升，且果实吸收养分较多，植株长势弱，易发生白粉病。第三个阶段：2月下旬至3月初，草莓换茬期，由于头茬果养分消耗过大，此时植株抗性下降，易感染白粉病。第四个阶段：3月中旬至5月，草莓团棵期，此时光照强、温度高，且植株蒸腾作用大，导致棚内湿度大，是白粉病的高发期。

白粉病防治应以预防为主，综合防治，通过各种措施的配合，来减少其发生。

（1）农业防治

① 选择抗性强、健壮、无菌的草莓种苗，能从源头上遏制病害发生。

② 合理肥水管理，控制氮肥施入、增施磷、钾肥，培育壮苗。

③ 合理密植，保持田间良好的通风透光性。

④ 加强农艺管理，及时清除病残体。

病残体是白粉病二次侵染的源头，及时摘除病残体时需谨慎，具体操作如下：a. 摘除病残体时要轻摘轻放，避免其飞溅，加速病害传播；b. 必须带到室外集中销毁，以免二次侵染；c. 农艺操作时控制风口，降低空气流通，减缓病害扩展。

（2）物理防治

① 通过铺设地膜、调节风口等管理措施，改善棚室内温、湿度，创造不利于病原菌侵染的田间环境。

② 针对白粉病菌与草莓植株耐高温能力不同，利用温度差高温闷棚杀菌。

高温闷棚是一项有效的生态农业防治技术，具体措施如下：a. 闷棚前摘除成熟果实，以免高温导致果实变软、腐烂；b. 闷棚早上需浇水，以免种苗在闷棚期间失水萎蔫或死亡；c. 浇水后通风散湿 10min，之后闭棚升温。温度升到 38℃时，调节风口控温，一般高温时间控制在 2h 左右，温度维持在 35～38℃，之后逐渐降温；病害有效控制要通过 3～4 天间歇性高温实现。

注意：闷棚温度不能超过 40℃。若温度过高，虽然防治效果更佳，但高温对草莓的危害超过病害对草莓的危害，就失去了防治的意义。

（3）微生物菌剂防治　微生物菌剂作为新型防治药剂，具有无药害、无残留等优势，其防治原理是菌剂喷施到叶片后，活性芽孢吸收叶片表面养分、水分迅速繁殖，并分泌杀灭病菌的活性物质，以达到抑制和杀灭病菌的目的。同时微生物菌剂能在叶片表面形成一层保护膜，阻止病原菌进一步侵染。常见微生物菌剂有枯草芽孢杆菌，可叶片喷施 1000 亿 CFU/mL 800～1200 倍液，7 天左右防治一次，使用 2～3 次。

（4）化学防治

① 烟剂：花期和果期是白粉病防治的敏感时期，使用烟剂熏蒸，能减少药剂接触，提升食品安全性。烟剂防治的优势：a. 烟剂不直接接触草莓，其危害性更小；b. 其扩散性好，分布均匀，能实现整个温室消毒、杀菌；c. 能降低湿度，创造不利于病害发生的田间环境；d. 使用方便，不受极端天气影响，节省劳动力；e. 具有预防和治疗的双重效果。

使用烟剂注意事项：a. 烟剂不能和杀菌、杀虫剂混用，以免产生有毒、有害气体；b. 避免蜜蜂受害，熏蒸前将蜂箱搬出温室；熏蒸杀菌剂 1 天后蜜蜂可搬回，熏蒸杀虫剂 7 天后蜜蜂才能搬回；c. 确保防治效果，通风口密封；确保人员安全，烟剂需从里向外摆放；d. 烟剂摆放要避开作物和易燃品；e. 烟剂一般傍晚使用，温度<12℃以下，提升药剂附着的同时避免产生药害；f. 烟剂使用 8～12h 后通风换气，不能长时间密闭；g. 为确保食品安全，熏蒸以后 3 天内不采摘果实。

常用的熏蒸烟剂有硫黄、45％百菌清烟剂。硫黄熏蒸具体措施：每亩悬挂 8～10 个硫黄罐，罐体离地面 1.5m 高，硫黄粉 20g 左右，晚上放下棉被、密闭棚室后开始熏蒸，一般 7～11 点，隔天一次，连续熏蒸 10 次。注意：通电前要检查硫黄粉用量，以免干烧发生意外。百菌清烟剂每亩使用 8～10 枚，每

7～10 天使用 1 次，连用 3～4 次。

② 药剂：白粉病已经发生，可用 12.5％四氟醚唑水乳剂 2200～2800 倍液，10 天防治 1 次，连续使用 2～3 次；25％乙嘧酚悬浮液 630～920 倍液，7～10 天防治 1 次，连续使用 2～3 次；寡雄腐霉可湿性粉剂 100 万 CFU/g 7000～8000 倍液。

药剂防治注意事项：打药器械要选择质量较好、雾滴细且均匀的，避免产生药害。喷施药剂时要遵循"一着、二掏、三扫"的原则；一着即叶片表面需全部着药；二掏即喷雾器要伸进叶片内部，使叶背面充分着药；三扫即叶片边缘充分着药。

二、灰霉病

灰霉病是草莓栽培过程中危害严重的病害，一般发生在生殖生长阶段，常造成花器及果实的腐烂，对草莓产量及品质影响巨大。

1. 症状识别

灰霉病主要危害叶片、花器、果实，同时也能侵染叶柄、果柄。叶片危害表现为：初期老叶形成"V"字形黄褐色病斑，中期病斑变褐干枯，严重时叶片焦枯死亡（如图 5-17）。

① 花器危害表现为：萼片基部及花托有红色斑块（如图 5-18），花不能正常展开，形成无效花；花瓣粉色或暗褐色，花药呈水浸状，严重时花器变褐干枯、产生浓密灰色霉层。

图 5-17　灰霉病叶片

② 果实危害表现为：首先柱头被侵染，影响果实生长发育，形成畸形果。幼果侵染：是从果柄扩展到果面，幼果变褐干枯，形成僵果（如图 5-19）。成熟果实危害表现为：初期果实呈水渍状；中期果实腐烂；后期腐烂加重，表面产生浓密灰色霉层（如图 5-20）。

③ 叶柄、果柄危害表现为：初期侵染部位局部变红，中期叶柄、果柄上出现浅褐色坏死干缩、产生稀疏灰霉；严重时叶柄、果柄枯死（如图 5-21）。

2. 发病特点

灰霉病是典型的低温高湿病害，其病原菌适应性强，温度 0～35℃、相对

图 5-18　花器危害表现

图 5-19　僵果

图 5-20　成熟果实危害表面霉层

图 5-21　灰霉病叶柄病害表现

湿度 80% 以上均可发病；主要以菌丝、菌核在病残体上或土壤中越冬，其耐低温能力强，翌年温度 7～20℃ 时可产生大量分生孢子，进行再侵染；温度 20～25℃、湿度持续 90% 以上时易出现灰霉病发病高峰。

3. 发病原因

引起灰霉病的因素主要有：高湿是造成病害发生发展的重要因素，一般相对湿度在 90% 以上或植株表面有水时易发病，且湿度越大病害越严重；幼苗徒长或栽植密度过大，导致田间郁闭、植株长势弱是造成病害发生的重要原因；排水不善、产生积水以及粗放性管理也是加重病害扩散的重要原因。

4. 传播途径及侵染过程

① 灰霉病主要传播途径：分生孢子通过气流或雨水传播；病叶、病果接触传播。

② 草莓植株不同器官灰霉病侵染过程：茎、叶器官病原菌侵染主要是从基部叶柄、老叶边缘或肥害伤口侵入，因此农艺操作时要注意，尽量少制造伤

口。花器病原菌侵染主要是从残留花瓣或未脱落的柱头，从而影响果实成长与分化。果实病原菌侵染主要是从果面；幼果期果柄发红、侵染萼片出现红色斑块并向果面发展，危害严重时萼片枯黄，果实从萼片处开始逐渐腐烂。

5. 防治措施

灰霉病危害严重，一旦发生经济损失巨大，因此其病害预防工作十分重要。一般灰霉病宜采取综合措施来防治。

（1）农业防治　选择欧系等抗性强的品种是有效的预防方法；棚室、基质消毒，能降低病原菌数量，降低侵染风险；栽培过程中加强农艺管理，以达到培育壮苗的目的；采用节水滴灌设施，降低温室湿度，也能降低灰霉病发病率；合理施肥，适当增加磷钾肥，以提高植株抗性。

（2）物理防治　通过风口开闭调整棚内温、湿度。冬季草莓栽培白天温度控制在 $26 \sim 28 \, ℃$，夜间温度控制在 $6 \sim 8 \, ℃$ 为宜，空气相对湿度控制在 $30\% \sim 50\%$，创造不利于病害发生的田间小环境，从而起到预防病害的目的。

（3）生物药剂防治　灰霉病发生初期可选用低毒的生物源药剂防治，可选用99％矿物油200倍液＋微生物杀菌剂10亿CFU/g 600倍液喷雾。

（4）化学药剂防治

① 烟剂：常用的熏蒸烟剂为，45％百菌清烟剂或10％腐霉利烟剂熏蒸，每 $667m^2$ 用 $8 \sim 10$ 枚。

② 药剂：可选用50％腐霉利可湿性粉剂 $600 \sim 800$ 倍液喷雾，或50％啶酰菌胺水分散粒剂 $1300 \sim 2000$ 倍液，或25％嘧霉胺悬浮剂 $1200 \sim 900$ 倍液喷雾防治，$7 \sim 10$ 天防治一次，连续使用3次。

注意：对于发病中心，除了整棚防治以外，还需重点喷雾防治，以免病害大规模流行。

三、炭疽病

在草莓育苗阶段炭疽病是影响十分严重的病害，能降低种苗质量，严重时能造成育苗地绝产；炭疽病在日光温室草莓栽培过程中发病较少，主要是通过种苗携带炭疽病菌，降低定植后种苗缓苗率，从而造成草莓生产中死苗。

1. 症状识别

炭疽病主要危害叶片、叶柄、匍匐茎，个别危害花器、果实；育苗阶段以危害叶片及匍匐茎为主，其发病症状可分为局部病斑型和整株萎蔫型两种（如图 5-22）。

图 5-22　炭疽病表现

（1）局部病斑型危害表现

① 叶片发病初期有紫色斑点；中期病斑扩大，增多、连成片；严重时叶片变褐干枯、死亡。注意：当湿度大时，叶片上可能产生污斑状病斑。②匍匐茎及叶柄发病初期局部产生黑色纺锤形或椭圆形溃疡病斑，并向下凹陷；中期病斑扩大呈环形圈；严重时圆环形病斑干枯、阻断养分、水分运输，病斑以上部分萎蔫枯死（注意：湿度大时病斑可能产生粉色霉菌或产生污斑状病斑）。③果实发病初期表面产生近圆形病斑；中期病斑由淡褐色转至暗褐色；严重时病部软腐状、凹陷，果实失去商品价值。

（2）整株萎蔫型危害表现

发病初期在白天温度较高时部分幼叶萎蔫下垂，傍晚温度降低时又自动恢复，几天后枯死。无病新叶保持绿色不畸形，枯死植株茎部由外到内逐渐变成褐色，只有维管束不变色。

2. 发病特点

炭疽病是典型的高温高湿病害，侵染最适温度为 28～32℃，相对湿度90％以上。连续阴雨天后骤晴，病害易大规模发生。炭疽病繁殖及侵染对温度要求很低，一般气温15℃以上时，高湿环境下就能产生分生孢子，气温19℃

时，孢子即可萌发。炭疽病易在 7～8 月份的高温季节发病且危害严重。

3. 发病原因

造成炭疽病发生的主要因素：连作、基质消毒不彻底等因素易导致病原菌积累过多，能引起病害发生；氮肥施用过量或种植密度过大，导致田间郁闭，影响种苗通风透光性，能引起病害发生并加重其侵染；老残叶过多，增加病叶之间侵染风险；连续阴雨天后暴晴易发生病害。

4. 传播途径

炭疽病主要传播途径：带菌组织器官之间的传播；分生孢子借助气流或雨水传播。

5. 防治措施

炭疽病有 2 个发病高峰，第一个发病高峰为 5 月下旬后，此时进入炭疽病原菌生长的最适温度；同时由于温度高、光照强，育苗田多采用浇水降温，增加田间湿度，也为病害发生创造了条件。第二个发病高峰为 7～8 月，产生原因：①夏季温度高且雨水充沛，暴雨后田间易产生积水，草莓根系喜湿不耐涝，积水易导致根系缺氧，能降低根系活力；②雨后暴晴，叶片蒸腾作用强烈，而根系活力不足，很难满足种苗对水分的需求，易导致植株缺水、抗性下降。③雨水滴溅，使基质中的病原菌增加接触机会，从而增加侵染风险；④此时子苗数量多，长势旺，影响田间通风透光，也是造成病害发生的重要因素。

（1）农业防治　基质消毒能避免苗圃多年连作障碍；合理密植，确保田间通风、透光，以免草莓种苗郁闭；合理施肥，控制氮肥施入，增施磷钾肥和有机肥以培育壮苗，从而提升种苗抗性；使用遮阳网、遮阳材料等防晒措施，及时降温；合理灌溉，改善田间环境，减缓或控制病害发生；加强农艺操作，及时清除病残体，减少病原菌种群数量。

（2）物理防治　避雨是草莓育苗阶段减轻炭疽病发生的重要手段，同时避雨育苗还能降低湿度，改善育苗田环境，减缓炭疽病侵染；同时要注意加大通风，降低棚内温度及湿度。

（3）化学防治　化学药剂防治可选用 40％多·福·溴菌腈可湿性粉剂 400～600 倍液喷雾，或 45％咪鲜胺水乳剂 900～1800 倍液喷雾，7 天防治一次，整个生育期使用 3 次。

四、草莓病毒病

草莓病毒病危害范围广、多以联合侵染危害为主，北方地区主要是草莓皱缩病毒病和草莓轻型黄边病毒病联合危害。

1. 症状识别

（1）草莓皱缩病毒病主要危害叶片、匍匐茎、花器及果实。

① 叶片危害表现为：初期叶脉褪绿，周围产生不规则褪绿斑；中期叶脉呈透明状，褪绿斑转变为坏死斑，叶片变小、黄化，叶柄变短；严重时叶片扭曲、皱缩、畸形，很难展开，植株整体矮化。

② 匍匐茎危害表现为：数量减少、繁殖能力下降。

③ 果实危害表现为：果实变小，品质下降。

（2）草莓轻型黄边病毒很少单独侵染，若单独侵染时草莓植株轻微矮化、无明显症状；与其他病毒联合侵染后，叶片危害表现为：发病初期叶缘失绿、叶片黄化、凹陷；中期叶缘上卷或叶片皱缩扭曲；严重时植株矮化且长势严重减弱，果实产量和质量严重下降。

2. 发病原因

引发草莓皱缩病毒病的因素很多，主要有以下因素：草莓植株带毒并通过蚜虫传毒；多年连续栽培导致品种退化；高温、干旱的环境能加重病毒病的发生。

3. 传播途径

草莓病毒病主要传播途径为：①蚜虫、线虫为病毒病主要传播媒体；②由带毒母苗繁育也是在草莓生产上病毒病大面积发生的重要原因。

4. 症状识别

（1）农业防治　栽培无病毒种苗是防治草莓病毒病最有效的方式，一旦发现带病植株应及时拔除并带出温室焚烧处理，以免病毒病在田间进一步传播。

（2）物理防治　及时通风透光，改善田间环境；使用遮阳设施，合理灌溉，避免出现高温、干旱，能减缓病害发生及侵染。控制蚜虫及线虫种群数量，从而降低病毒病发生。

（3）化学防治　可选用8％宁南霉素水剂900～1400倍液喷雾；或5％氨基寡糖素水剂1200～1700倍液喷雾防治，7～10天施用1次，连续使用2～3次。

五、红中柱根腐病

1. 症状识别

红中柱根腐病发病可分为急性萎蔫型和慢性萎蔫型。

（1）急性萎蔫型　叶尖突然萎蔫，之后呈青枯状，引起全株迅速枯死。

（2）慢性萎蔫型　①新茎危害表现为：初期新茎韧皮部产生红褐色或黑褐色小斑点，中期病斑扩大，严重时形成黑褐色环形病斑，阻断病斑以上部分养分、水分运输，导致植株干枯死亡（如图5-23）。②叶片危害表现为：初期中午温度高时叶尖萎蔫、叶缘微卷；中期叶片颜色呈深绿色，且萎蔫提早、时间延长，严重时叶片呈萎蔫后不恢复，植株干枯死亡（如图5-24）。

图5-23　慢性萎蔫型红中柱根腐病（新茎）　图5-24　慢性萎蔫型红中柱根腐病（叶片）

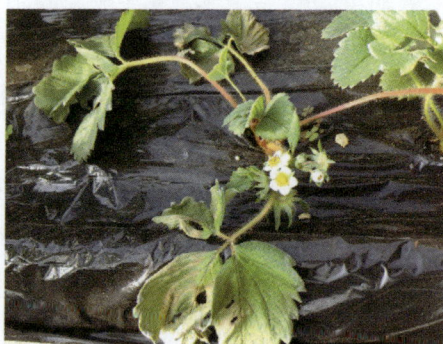

2. 防治措施

红中柱根腐病涉及致病微生物较多，单一措施防止效果不佳，针对其发病特点，红中柱根腐病最好防治方法是：预防为主，综合治理。

（1）红中柱根腐病的预防

① 品种选择：红颜草莓以其浓郁的口感和靓丽的外观受到广大消费者的喜爱，其较高的产量和收益导致种植面积逐年扩大，但该品种抗病性较弱，为后期草莓栽培埋下隐患。因此，综合口感、颜色、外观以及抗病性等因素，推荐选用圣诞红、京藏香、京御香、京桃香等品种。

② 育苗环节：育苗过程中要特别关注草莓根腐病的预防，一般植株整理时尽量选择在晴天上午，以少制造伤口为宜。露地育苗过程中，在大雨过后需喷施药剂预防，以阿米西达、恶霉灵、百菌清等药剂为主，交替使用，以免产生抗药性。

③ 起苗环节：草莓种苗出圃前两三天，喷施阿米西达对苗圃预防，一般选择在傍晚温度低时进行。起苗前苗圃浇水，能改善基质状况，有利于起苗时保持草莓根系完整；起苗时尽量多保留草莓须根，有利于子苗定植后缓苗。起好的草莓苗分级后放在流动的水中散热，以便种苗运输过程中反热。

④ 运输环节：运输环节避免种苗失水、反热，一般可以在苗箱里加一到

两个冰袋或冻成冰的瓶装矿泉水，但需注意，不能让种苗直接与冰袋接触，以免冻伤种苗。

⑤ 种苗存放环节：种苗在存放时要背风避光，地面洒水，做好根系保温。

⑥ 种植整理环节：定植前草莓种苗必须经过人工整理，主要将种苗进行分级、修剪，在整理过程中以少制造伤口为宜。

⑦ 种植环节：种植时注意基质含水量，注意不要干旱缺水，也不能大水漫灌，水淹后草莓种苗易产生红中柱根腐病。

⑧ 植保环节：种植前用保护性药剂进行防护，缓苗后及时植保。

（2）红中柱根腐病防治　不同类型的红中柱根腐病发病高峰不同。①急性萎蔫型有 2 个发病高峰。第一个高峰出现在梅雨季（6 月下旬至 7 月中旬）持续降雨后；第二个高峰是 10 月草莓覆盖地膜后。②慢性萎蔫型有 2 个发病高峰。第一个高峰是 11 月开花结果初期；第二个高峰是次年 2 月底换茬期。针对草莓不同生长发育阶段、病害的不同类型以及危害程度，红中柱根腐病的防治措施也不同，具体内容如下。

① 定植前种苗消毒，一般可选用 50％多菌灵的 400 倍液浸泡种苗 5～10min。

② 对于生长期发病的植株，可选用 25％阿米西达 3000 倍液、70％代森锰锌 500 倍液交替喷施，或选用 1200～1500 倍液恶霉灵、1500～2000 倍液甲霜恶霉灵灌根，7～10 天防治 1 次，整个生育期使用 3 次。

③ 对于危害严重的温室，可选用 50％甲霜灵可湿性粉剂 1000～1500 倍液喷施或 58％甲霜灵锰锌灌根。注意对于红中柱根腐病危害严重的植株可立即拔除，之后用 30％杀毒矾 500 倍液消毒病穴，避免得病植株及病土二次侵染。

第三节　常见虫害

一、红蜘蛛

红蜘蛛对温度要求不严格，一般 10℃以上开始活动，16℃时开始产卵，其孵化速度快、数量大，能造成世代交替为害；同时其扩散速度快，能借助风力及人员活动传播，易大规模流行。红蜘蛛主要以刺吸汁液、吐丝、结网、产卵等方式对草莓产生危害。

1. 症状识别

红蜘蛛主要危害草莓叶片、花器、果实，影响植株整体长势。

① 叶片危害表现为：初期叶背面出现黄白或灰白色小点，中期叶片失绿黄化，后叶片转变为苍灰色（图 5-25），严重时叶片上覆盖白色网状物，叶片焦枯脱落（图 5-26）。

图 5-25　叶片危害表现（一）

图 5-26　叶片危害表现（二）

② 花器危害表现为：初期花萼失绿，干枯，中期花器变褐干枯，严重时有整个花器有白色网层（图 5-27）。

③ 果实危害表现为：幼果不膨大，形成僵果；成熟果实表面有白色网状物，畸形果率增加，失去商品价值（如图 5-28）。

④ 植株整体长势危害表现为：植株矮化，生长缓慢，严重时植株早衰、死亡。

图 5-27　花器危害表现

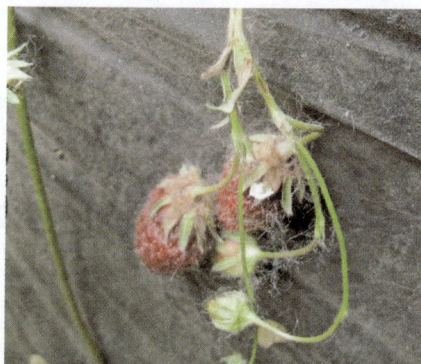

图 5-28　果实危害表现

2. 发病原因

高温、干旱是导致红蜘蛛发生的主要环境因素。

3. 防治措施

红蜘蛛对环境需求低，繁殖能力强，一年能孵化12代，能世代交替危害，易产生抗药性，因此，红蜘蛛防治应以多种措施综合防治为主。

（1）农业防治　选择抗病性强、优质、健壮的种苗，能从根本上减缓虫害的发生；根据红蜘蛛侵染途径，采取隔离措施，控制棚室人员进出，实现操作工具专棚专用，能有效减免虫害传播；加强水肥管理，培育壮苗，以提升植株抗性；加强田间管理，及时清理害虫，改善种苗生长环境，促进通风透光。

（2）生物防治　红蜘蛛发生初期，可利用捕食螨等天敌控制虫害数量，为保障防治效果，在释放捕食螨前尽量压低红蜘蛛种群数量。一般可选用1%苦参碱·印楝素或10%阿维菌素水分散粒剂进行防治，用药后5～10天，可按照益害比1:（10～30）释放天敌。为确保防治效果，捕食螨应在傍晚、多云、阴天天气释放。目前国内主要的捕食螨品种有智利小植绥螨、胡瓜新小绥螨和巴氏新小绥螨，其中智利小植绥螨是草莓红蜘蛛最有效的天敌，具有速效性强，仅捕食叶螨，不伤害草莓植株等优势。

北京地区建议草莓种植户在10月初或中旬第一次释放，根据管理水平也可在11月中旬开花1～2周后释放；建议第二次释放在次年1月末至2月，以满足春节期间市场对草莓外观和品质的高标准需求。注意根据红蜘蛛实际发生情况，两次释放之间可增加一次，草莓种植季总共可释放2～4次。

捕食螨释放注意事项：①每行均匀撒播，其中叶螨发生较重的过道周边1.5m半径范围内，建议多撒施些；②第一次使用时，建议全棚撒施，之后再针对发病区域局部撒施；③为了提升防治效果，可人工将带有捕食螨的老叶转移到红蜘蛛多的区域；④使用捕食螨时，避免使用杀虫剂；⑤过量硫黄熏蒸能降低捕食螨的繁殖力，应合理调控硫黄熏蒸的时间和剂量。

（3）化学防治　红蜘蛛危害严重时可选择化学药剂防治，一般可选用1.8%阿维菌素乳油3000～6000倍液，14天防治一次，整个生育期使用2次；或总有效成分含量10%的苯丁·哒螨灵乳油1500～2000倍液，20天防治一次，整个生育期使用2次；或43%联苯肼酯悬浮液2000～3000倍液喷雾防治，7天左右防治一次，整个生育期使用3次。为保障草莓安全，避免农药残留，一般采收前15天停止喷药。

（4）其他防治

① 辣椒水喷施防治红蜘蛛。

② 烟草水喷施防治：取烟叶 50g，按照 1∶30 的比例兑水，浸泡 12h 后取过滤液喷施。烟草水主要杀虫成分为烟碱。

③ 除虫菊水喷施防治：取晒干除虫菊 50g 磨成粉，按照 1∶（200～400）的比例兑水，浸泡数小时后取过滤液，最后加少量中性洗衣粉搅匀喷施。除虫菊对害虫有强烈的触杀作用和微弱的胃毒作用；洗衣粉能增加除虫菊水的沾着性，提升防治效果。

④ 蓖麻水喷施防治：取蓖麻种子 50g 捣碎，按照 1∶10 的比例兑水，浸泡 5h 后取过滤液，加少量中性洗衣粉，最后再兑水 4～6kg 搅匀喷施。

⑤ 葱姜蒜水喷施防治：将葱的外皮捣碎后，按照 1∶10 的比例兑水，浸泡数小时后取过滤液喷施。将蒜、鲜姜捣烂提取浸出汁液，按照 1∶（20～25）的比例兑水，搅匀，喷施。

⑥ 花椒水喷施防治：取花椒 1 份，加 5～10 倍水熬成原液，之后取过滤液按照 1∶10 比例兑水喷施。

⑦ 对于危害严重的温室可清棚处理，及时清除老病残叶，为草莓植株剃头，降低温室中害虫种群数量，之后全室喷施杀虫剂以控制虫害，一般杀虫剂可选择 43% 联苯肼酯悬浮液 2000～3000 倍液喷雾。

二、蓟马

蓟马生长最适温度 23～28℃，最适湿度 40%～70%，喜欢温暖、干旱的环境。雌性成虫主要进行孤雌生殖，每次产卵 22～35 粒，若温度适宜 6～7 天即可孵化，形成二次侵染；成虫能飞善跳，扩散速度快，增加了防治难度。蓟马主要通过锉吸汁液造成危害。

1. 症状识别

蓟马主要危害草莓叶片、花器及果实。

① 叶片危害表现为：初期叶片变薄、退绿、有黄色斑点，中期叶片卷曲皱缩，长势弱（图 5-29）。

② 花器危害表现为：初期萼片背面有褐色斑，褐色花瓣呈水锈状，影响花芽分化，导致果实畸形（图 5-30）；严重时萼片从尖部向下褐变坏死，花器变褐干枯、死亡（图 5-31、图 5-32）。

③ 果实危害表现为：果面粗糙，顶端呈水锈状，幼果期难以膨大、呈褐色僵果（图 5-33）；成熟果实木栓化，导致商品价值丧失。

图 5-29 叶片危害表现

图 5-30 花器危害表现（一）

图 5-31 花器危害表现（二）

图 5-32 花器危害表现（三）

2. 发病原因

高温、干旱是蓟马发生的主要因素。

3. 防治措施

在草莓栽培过程中蓟马有 2 个高发期。第一个高发期为 11～12 月，此时草莓进入开花坐果期，为防止落花落果，日常管理上需减少浇水量，否则易形成高温、干旱小环境，促进蓟马的发生。第二个高发期为次年 3～5

图 5-33 果实危害表现

月，此时温度升高，蒸腾量加大，种苗易缺水干旱；为了降低棚温，打开下风口后促进空气流通的同时，也促进了虫害的传播。

（1）农业防治　及时清除病残体，控制害虫种群数量；同时需加强肥水管理，提升草莓植株抵抗力。

（2）物理防治　利用蓟马趋蓝色习性，设置蓝板诱杀。

（3）化学防治　一般防治蓟马可选用60％乙基多杀悬浮液3000～6000倍液，或5％啶虫脒可湿性粉剂2500倍液喷雾防治，7天左右防治一次，整个生育期使用3次。

化学药剂防治蓟马的注意事项：①根据蓟马昼伏夜出的特性，一般下午用药防治效果更佳；②尽量选择持效期长的药剂，以提升药效；③使用沾着剂，增加药剂附着量，延长着药时长；④为避免产生抗药性，最好不同种类药剂轮换施用；⑤喷雾要集中在植株中下部以及地面等若虫栖息地。

三、菜青虫

菜青虫是菜粉蝶的幼虫（图5-34），在北方是十字花科以及草莓上的重要害虫。菜青虫主要通过咬食叶片危害草莓，在防治过程中易产生抗药性，且共生寄主较多，因此给防治带来困难。

1. 症状识别

菜青虫主要危害草莓叶片。叶片危害表现为：叶肉被啃食，叶片表面留下透明表皮或叶片表面有明显孔洞、缺刻（图5-35），严重时整个叶片只残留粗叶脉和叶柄，能造成草莓绝产。

图5-34　菜青虫

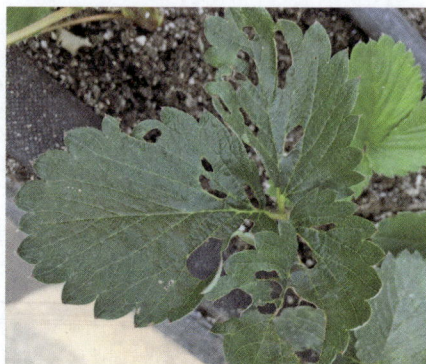

图5-35　叶片被菜青虫啃食情况

2. 发病原因

菜青虫大规模发生主要是因为温室周边广泛种植十字花科蔬菜；其次湿度

高也为菜青虫孵化及幼虫生长提供了适宜的环境条件；第三其生长发育受温度影响。

3. 防治措施

在草莓育苗及栽培过程中，菜青虫有 2 个高发期。第一个高发期是 5～6月，主要是 1 代幼虫为害，此时温湿度适宜，适合菜青虫生长，其数量庞大，易形成集中危害。第二个高发期是 9～10 月，主要是 4～5 代幼虫为害。9 月后温湿度适宜，菜青虫繁殖；同时寄主植物增多，有利于虫口数量增长，最重要的是此时菜青虫天敌减少。

（1）农业防治　清洁棚内杂草，减少菜青虫繁殖场所，避免交互侵染；清除病残叶，控制虫口数量，降低种群密度；尽量少种植十字花科作物，以免共生寄主过多，难以防治。

（2）天敌防治　可用广赤眼蜂、微红绒茧蜂等天敌防治。在释放天敌之前，可用低毒的生物源农药降低虫口密度，一般可选用 100 亿 CFU/g 青虫菌粉剂 1000 倍液喷雾。使用天敌期间，若需化学药剂防治配合，需注意药剂种类及毒性，以免危害天敌。

（3）化学防治　化学药剂防治菜青虫一般可选用 0.3％苦参碱水剂 600～750 倍液喷施，安全间隔期为 14 天，整个生育期使用 1 次；0.3％印楝素乳油 660～1000 倍液喷施，7～10 天防治 1 次，可连续使用 3 次；20％氰戊菊酯 1500 倍液＋5.7％甲维盐 2000 倍液，7 天左右防治一次，整个生育期使用 3 次。

（4）其他防治

① 烧杀灭虫：田间可撒施生石灰或草木灰等碱性物质，待菜青虫爬过能导致其失水死亡。

② 喷杀灭虫：喷施弱碱性溶液到虫体上即可杀死害虫；一般弱碱性溶液可选用 100 倍液氨水、碳酸氢铵水或洗衣粉水。

③ 黄瓜藤滤液喷施灭虫：取黄瓜藤 1.25kg 捣烂，按照 1∶0.4 比例兑水，取过滤液后按照 1∶6 比例兑水喷施，药效可达 90％以上。

④ 丝瓜滤液喷施灭虫：用丝瓜加少量清水捣烂、过滤、取原液，之后按照 7∶13 比例兑水混合，最后加少量肥皂液搅匀喷雾即可。

防治菜青虫的注意事项：菜青虫是草莓定植后常见的一种虫害，其低龄幼虫密度小、危害弱、抗药性差，更易防治，正确判断虫龄有利于合理选择药剂、提升防治效果。

判断虫龄的依据：①1～2 龄幼虫仅啃食叶肉，叶片表面会留下一层透明表皮；3龄以上幼虫能蚕食叶片呈孔洞或缺刻；②1～2龄幼虫多在叶背为害；3龄后转至叶正面蚕食；③4～5龄幼虫危害最严重，其取食量占整个幼虫期取食量的97%。

四、蚜虫

蚜虫是草莓栽培过程中十分常见的害虫，因其对环境的适应性较强，分布广、体小、繁殖力强，种群数量巨大，因此能造成巨大危害。蚜虫能分泌大量蜜汁，故又称腻虫。

引起草莓危害的蚜虫种类繁多，以常见的桃蚜和棉蚜为主，其繁殖力强，能世代重叠，交替危害。蚜虫在保护地栽培中，1年可发生10～20多代，在25℃左右条件下，每7天左右完成1代，世代重叠现象严重，给防治造成一定困难。蚜虫除了其自身危害以外，还是传播病毒病的主要媒介，能导致病毒扩散，造成严重危害。

1. 症状识别

蚜虫主要危害叶片、叶柄、花器、匍匐茎等幼嫩的组织，其中以心叶、幼叶危害居多。叶片受害症状，发病初期叶背面有黄色小斑点，后叶片出现褪绿色的斑点，随着蚜虫种群数量增多，其分泌大量蜜露污染叶片，能引发霉污病，从而影响光合作用，危害严重时导致心叶不能展开、成熟叶片卷缩变形（图5-36、5-37）。

图5-36 蚜虫危害草莓（一）

图5-37 蚜虫危害草莓（二）

2. 发病原因

发病原因首先为温度适宜，有利于蚜虫生长及繁殖；其次寄主植物丰富，彼此间易形成交互侵染，其种群很难彻底清除；第三降雨少，易出现干旱，有利于虫口密度的增加。

3. 防治措施

由于危害草莓的蚜虫种类较多，有时单一发生，有时混合发生，并且蚜虫繁殖能力和适应能力强，所以各种防治方法都很难取得根治的效果。因此对于蚜虫防治时，应尽快抓紧治疗，避免蚜虫大量发生。

（1）农业防治　加强田间管理，及时清除病残叶、老叶，降低蚜虫种群数量，减少危害范围及程度，同时清除田间杂草，减少蚜虫交互侵染。

（2）物理防治　设置防虫网等设施，从源头降低蚜虫种群数量。防虫网主要防治鞘翅目、鳞翅目和同翅目的中小型害虫，设置在棚室入口以及通风口处，一般温室栽培草莓使用40～50目规格即可。另外还可利用蚜虫习性设置黄板及黑光灯诱杀。

（3）生物防治　利用七星瓢虫、食蚜蝇、寄生蜂等蚜虫天敌进行生物防治。在使用天敌防治之前，需喷施生物源低毒农药控制蚜虫种群数量。一般释放七星瓢虫时，瓢蚜比以 1 : (100～150) 为宜，若田间蚜虫密度高时，可适当扩大瓢蚜比例。

（4）化学防治　蚜虫防治最好采用"早治、小治"原则，为确保药效，一般在发生初期防治最佳。

① 烟剂：烟剂熏蒸防治蚜虫可选用 10% 异丙威烟剂，每 $667m^2$（大棚）使用 4～6 枚，每 3～5 天使用 1 次，连用 2～3 次。

② 药剂：一般可选用 1.5% 除虫菊素水乳剂 330～500 倍液喷雾，7 天防治一次，整个生育期使用 3 次；4.5% 高效氯氰菊酯乳油 1800～2700 倍液喷雾；7 天防治一次，整个生育期使用 3 次

10% 吡虫啉可湿性粉剂 4000～6000 倍液叶面喷施，7 天左右防治一次，整个生育期使用 3 次。为避免产生抗药性，最好多种药剂轮换施用。

（5）其他措施

① 糖醋液灭虫：取酒、水、糖、醋按照 1 : 2 : 3 : 4 的比例制成糖醋液。在傍晚蚜虫活跃时，将存放糖醋液的开口器放到田间，第二天清晨集中灭杀。

② 杨柳条灭虫：将杨柳条搓烂、扎捆、放入田间引诱蚜虫，之后再集中灭杀。

③ 喷施草木灰溶液灭虫：按照 1 : 5 的比例制成草木灰溶液，喷施在受害植株上，既可以烧杀害虫，又能为植株补充钾肥。

④ 喷施洗衣粉液灭虫：洗衣粉按照 1 : (400～500) 的比例制成溶液喷施，

连喷 2~3 次，可起到较好的防治效果。洗衣粉液主要成分是十二烷基苯磺酸钠，对蚜虫有较强的触杀作用，注意草莓采收期禁止使用。

⑤ 喷施烟叶水灭虫：取鲜烟叶 1kg，按照 1∶10 的比例兑水、浸泡、揉搓，之后取过滤液，最后加入 10kg 石灰水混匀后喷施即可。

⑥ 喷施橘皮辣椒水灭虫：取鲜橘皮 1kg、鲜辣椒 0.5kg 混匀捣碎，按照 1∶7 的比例兑水后煮沸，浸泡 24h 后取过滤液喷施。橘皮辣椒水对蚜虫具有触杀作用，喷施后防治若蚜效果显著。

⑦ 喷施韭菜水灭虫。取新鲜韭菜 250g 捣烂，按照 1∶2 的比例兑水，浸泡 30min 后取过滤液喷施。

五、蛴螬

危害草莓的金龟子种类很多，而蛴螬是各种金龟子幼虫的统称，通常弯曲成 C 形。蛴螬主要来源于农户施用未腐熟的有机肥；由于其成虫对未腐熟的有机肥有较强的趋性，因此肥中含有大量虫卵，一旦肥料施入栽培土壤中就能大量繁殖且危害草莓生长发育。

1. 症状识别

蛴螬主要危害草莓幼根、新茎，造成植株死亡。

2. 防治措施

蛴螬危害盛期主要是春季和秋季，春季在 4 月下旬至 6 月为害。4 月下旬成虫进入产卵盛期，5 月下旬卵孵化成幼虫。成虫则在 5 月中旬至 6 月中旬出土危害草莓叶片。秋季在 9~10 月为害。进入秋季以后，气温降低，当地温达到 13~18℃时，蛴螬开始出土危害草莓。

（1）农业防治　一定要施用腐熟的有机肥。腐熟过程能利用高温杀死粪肥中的金龟子幼虫和蛹，从而减少虫体数量，避免蛴螬大规模发生。连作地块要进行土壤消毒，降低或消灭土壤中的害虫种群数量。合理轮作，能改善土壤环境，抑制蛴螬发生。

（2）物理防治

① 人工捕杀：施肥前筛出肥料中的蛴螬并杀死；草莓定植后利用成虫假死性在清晨或傍晚成虫为害期进行捕杀。

② 利用趋性诱杀：黑光灯诱杀；利用成虫趋化性进行诱杀，一般诱杀剂可选用糖醋液或烂果混入少量敌百虫。

（3）天敌防治　可以用茶色食虫虻、金龟子绿僵菌、黑土蜂、白僵菌等天敌生物来防治蛴螬。

（4）化学防治 草莓定植前可用药剂处理有机肥，一般可选用5％辛硫磷颗粒剂处理草莓周围的土壤，每667m^{2}使用2kg施于地面后翻入土中即可。草莓定植后，可选用50％的辛硫磷乳油1500倍液灌根。

（5）其他防治

① 诱杀：取20～30cm长的槐树带叶枝条，将基部泡在30～50倍液的内吸性药液久效磷或乐果中，10h后取出枝条打捆、成堆码放，进行诱杀。

② 毒杀：将蓖麻叶晒干、磨成粉末施入土中，可防治蛴螬等地下害虫。

③ 驱虫：田间可追施碳酸氢铵、腐植酸铵、氨水、氨化过磷酸钙等肥料，通过肥料散发氨气，对蛴螬有一定的驱避作用。

六、蝼蛄

蝼蛄是一种杂食性很强的害虫，主要危害草莓根系及茎部，通过咬食幼芽、幼根，导致植株凋萎死亡。

1. 防治措施

蝼蛄有2个危害盛期：第一个危害高峰是5月上旬至6月中旬；第二个危害高峰是9月至10月中旬。

（1）农业防治 合理轮作能减缓蝼蛄发生；施用腐熟的农家肥；基质栽培也能避免土传虫害的发生。

（2）利用趋性诱杀 利用蝼蛄对香甜味的趋性可撒施毒饵诱杀害虫。一般毒饵可选用麦麸或豆饼制成。制作方法：将5kg麦麸或豆饼炒香，加入150g 90％的敌百虫，后加水混匀，制成毒饵。

利用蝼蛄的生长习性，在田间挖长宽深40cm×20cm×20cm的大坑，坑内堆放湿润的农家肥后表面覆草，在坑上设置黑光灯诱杀害虫。

（3）生物防治 通过招引或人工释放食虫鸟类，防治蝼蛄。在土壤中接种白僵菌，致使蝼蛄感染死亡。

（4）化学防治 草莓生长季每667m^{2}可选用90％敌百虫晶体200g，按照1∶3.75的比例兑水，后在垄沟内灌溉。

（5）其他防治

① 糖醋液诱杀：自制糖醋液于傍晚害虫活跃时放到田间诱杀。

② 水罐诱杀：在田间埋设水罐，水量与罐口有一定差距，在水表面滴少量香油诱杀蝼蛄。

③ 根据蝼蛄活动时留下的虚土或隧道可找到虫洞，铲去表层土壤，沿虫洞下挖 40～50cm 即可找到蝼蛄，一般挖洞灭虫结合蝼蛄产卵盛期防治效果更佳。

④ 苦瓜水灭虫：取 1 份苦瓜叶捣烂，按照 1∶30 的比例兑水、混匀，取过滤液，按照 1∶1 的比例加入石灰水，制成防治土壤害虫的溶液。

七、金针虫

1. 症状识别

金针虫可从根、地下茎上蛀洞，严重时能截断地下根茎；能在叶柄基部蛀洞，从而蛀入嫩心（图 5-38）；在草莓成熟季节对贴近地面的果实蛀洞，严重时可洞穿整个果实。

图 5-38　金针虫

2. 防治措施

金针虫以秋季危害为主，气温降低后，从深土层向上移动，到表层危害。

（1）农业防治　合理轮作，是防治金针虫的有效措施。清洁园区，消灭杂草，有效减少成虫产卵场所，控制幼虫早期来源，从而降低害虫种群数量。果期，可通过在果实和基质之间增设填充物，防止金针虫危害。

金针虫适宜的土壤含水量为 20％～25％，其活动盛期可灌水迫使害虫向下深移，从而抑制其危害。

（2）毒土防治　定植前制毒土撒施防治：一般每 667m^2 使用 48％地蛆灵乳油 200mL，与含水量 20％～30％的细土 10kg 拌匀制成毒土，均匀撒在种植沟内，也可按 1∶50 的比例与腐熟农家肥拌匀施入。

（3）天敌防治　可利用青蛙、蟾蜍等天敌生物防治。

（4）化学防治　草莓生长期发生金针虫，可在种苗间挖小穴，将颗粒剂或毒土点入穴中后覆盖，土壤干燥时也可将 48％地蛆灵乳油 2000 倍液，开沟或挖穴点浇。

第四节　草莓栽培绿色防控技术

绿色防控是指从农田生态系统整体出发，以农业防治为基础，积极保护利用自然天敌，恶化病虫的生存条件，提高农作物抗虫能力，在必要时合理使用化学农药，将病虫危害损失降到最低限度。它是持续控制病虫灾害，保障农业生产安全的重要手段。

绿色防控优先采取生态控制、农业防治和生物防治等环境友好型技术措施（不排除化学防治），最根本是为了确保草莓生产安全、产品质量安全、田间生态环境安全以及病虫可持续控制，同时减少化学农药使用。

一、实现绿色防控的措施

（1）减少施用化学农药，控制病虫害发生，主要以预防为主，从病虫害源头控制和健康栽培。

（2）寻找低毒、低残留的化学防治药剂替代品，植保措施以综合防治为主，非化学防治优先的原则，实现环境友好型技术措施。

（3）改良化学防治，实现科学精准用药。首先要对症选药，高效低毒优先；其次应及时用药，合理轮换；第三要精准配药，高效施药。

二、设施草莓绿色防控的重点及方向

设施草莓其病虫害源头主要包括种苗、空气、病残体、土壤、棚室表面。从源头控制病虫害，其防治效果好，投入成本低，有利于实现草莓产业的长远发展。

从病虫害源头控制入手，以无病虫壮苗定植为中心，建立覆盖产前、产中和产后的全程绿色防控技术体系。

三、全程绿色防控

1. 田园清洁

定植前对整个园区进行全面清洁，包括清除杂草、植株残体，废弃物集中回收，肥料等投入品专区无害化处理，减少生产环境中病虫来源。

2. 无病虫育苗配套技术

（1）从源头避免病虫侵染　选用抗病虫品种，同时园区所用繁殖材料必须具备植物检疫证书或产地检疫合格证书，避免检疫性病虫害。

（2）种苗处理　定植前用流动水冲洗草莓裸根苗根系，之后可用一定浓度的药剂浸泡根系 3～5min，从而消灭种苗根系表面或内部携带的病原菌或害虫。

（3）两网覆盖　在棚室通风口、出入口处加挂 50 目防虫网，阻隔烟粉虱等小型害虫，高温季节使用外遮阳网，能有效降低棚内温度，预防病毒病。

（4）无病土育苗　首先，最好选择商品基质，配置营养土的农家肥应该充分腐熟且未经蔬菜残体污染；其次，育苗槽消毒，可用广谱性杀虫杀菌剂按照标注剂量喷施或制成药液清洗其表面；第三，苗棚表面消毒，可用烟剂熏蒸消毒或喷雾消毒；第四，色板监测诱杀，每亩可悬挂 25～50 块，悬挂高度在草莓种苗上方 5～10cm 处。

3. 产前预防配套技术

（1）合理轮作　轮作能克服土壤连作障碍；减少病虫害发生，有效缓解土壤次生盐渍化及酸化，同时还能调整元素平衡。轮作设计的理论原理是，不同作物吸收营养不同、互不传染病害；能改进土壤结构；轮作设计需考虑轮作作物对土壤酸碱度的不同要求及对杂草的抑制作用。

（2）基质消毒　基质栽培方式能克服土壤连坐障碍及土传病虫害的发生；基质消毒能更好地解决作物的重茬问题，并显著提高作物的产量和品质。

（3）棚室表面消毒　拉秧后棚室内残存大量病虫，采用有效措施对棚室架材、过道、耳房进行消毒处理，能降低生育期病虫危害风险。在日光温室栽培过程中，气传病害和小型害虫 70% 以上来源于本棚室，因此开展棚室表面消毒，可延缓病虫害发生时期，显著减轻病虫害发生程度。一般棚室表面消毒常用的方法有药剂喷雾法、烟雾法以及臭氧消毒法。棚室表面消毒的最佳时期一般有三个：①草莓拉秧并彻底清除病残体后；②育苗准备工作完成后，开始育苗之前；③定植准备工作完成后，临近定植前。

（4）其他配套技术　棚前建立消毒池能有效预防病虫害；进出棚室注意更换衣物、鞋、农具，避免病虫害传播，形成多次侵染。

4. 产中科学防控

（1）农业防治　农业防治是病虫害防治的基本措施，其投入少、安全并且效果显著，易于被广大农户接受、使用。一般温室草莓栽培过程中常见的农业防治包括节水灌溉、物理降湿以及及时清除病残体等。

（2）生态调控　生态调控是人为进行田间温度、湿度等气象条件调节、控制管理去影响草莓生长发育和病虫发生发展的方法，其核心内容是通过进行调节环境温湿度、光照等生态条件，维持草莓正常生长发育，同时限制或抑制病害、虫害发生。一般生态调控也称生态管理调控，对病害发生的影响明显，对虫害防控效果相对差一些。

（3）防虫网　防虫网是使用比较普遍的防虫技术，要切实起到效果需注意以下方面。首先，防虫网要设置在棚室入口以及通风口；其次，防虫网要定位清晰，主要防治鞘翅目、鳞翅目和同翅目的中小型害虫；第三，防虫网的规格要合理，一般温室栽培草莓使用 $40 \sim 50$ 目即可。

（4）遮阳设施　遮阳设施的合理使用能有效预防病虫害的发生及侵染，常见的遮阳设施有遮阳网、遮阳降温涂料以及泥浆遮阳等，但不同遮阳设施各有其优点。遮阳网的遮光率能达到 $20\% \sim 75\%$，有效防止烈日照射以及暴雨冲击，能预防高温诱发的病毒病。遮阳降温涂料可根据生产需要设置 $23\% \sim 82\%$ 的遮阳率，降温可达到 $5 \sim 12℃$，同时具有耐霜冻、雨水及紫外线辐射等优点。泥浆遮阳同样可以起到遮阳降温的作用，因其成本低廉，受到广大农户好评，但其遮阳效果易受降雨的影响且多次使用后影响棚膜的透光率。

（5）硫黄熏蒸预防病害　一般以预防草莓白粉病为主，每 $667m^2$ 设置 $8 \sim 10$ 个熏蒸罐即可，每周熏蒸 $1 \sim 2$ 次。硫黄熏蒸能降低温室、湿度，起到预防与治疗的双重作用。

（6）色板诱杀　根据不同害虫对不同色彩的敏感性差异进行诱杀，一般分为黄板、蓝板、白板以及信息素色板等，其靶标害虫主要为蚜虫、粉虱、潜叶蝇、蓟马等。放置密度为标准温室 $25 \sim 50$ 块，放置高度为生长点上方 $5 \sim 10cm$ 处。注意使用色板时需根据虫情及时更换，以免降低防治效果。

（7）功能膜防控病虫技术　功能膜防控病虫技术是指使用具有不同功能的农膜（如长寿膜、无滴膜、保温膜、消雾膜），不同颜色的专用膜，还有高透光膜、遮光膜、防尘膜、除虫膜、紫外线阻断膜、除草膜等农膜防治虫害的技术。

（8）天敌防治害虫技术　天敌防治害虫技术是一种安全、有效的防治措施，可针对不同的害虫选取不同天敌防治。草莓栽培过程中常见虫害有蚜虫、蓟马、红蜘蛛等，其对应的天敌有异色瓢虫、捕食螨等。

天敌防治的注意事项：①为确保防治效果，天敌防治应在虫害发生初期使用，同时在释放天敌前应尽量压低害虫的数量；②使用天敌期间严禁使用化学农药，以免杀伤天敌。

（9）蜜蜂授粉技术　蜜蜂授粉技术的合理使用能降低灰霉病的发生、减少化学农药使用、增加产量、提高品质、节约劳动力。

（10）化学农药替代品　一般化学农药替代品要具有以下特征：对人畜无害、安全；有利于蔬果产品质量安全；易降解，环境污染小；选择性强，利于天敌保护；不易产生抗药性，有利于病虫持续控制。

生物农药使用的注意事项：微生物源农药使用时需掌握温度、把握湿度、避免强光以及雨水冲刷，最好不与化学药剂混合使用；植物源农药是以预防为主，高危条件未发病时或发病初期用药，需要与其他手段配合使用，避免雨水冲刷；矿物源农药需混匀后喷施，喷雾均匀周到（触杀），不要轻易与其他农药混用；生长调节剂需适时使用，精准浓度，随用随配，不能以药代肥；抗剂一般在病害发生前或发生初期用，现用现配，无内吸性，均匀喷雾。

（11）化学农药科学使用　根据病虫对症选药，高效、低毒、低残留药剂优先；根据农药剂型选择最适宜的施药方法；适期用药，根据病虫草害发生特点，在最佳时期适时施药；交替轮换用药，避免产生抗药性；严禁使用剧毒、高毒、高残留农药；严格按照农药说明书规定浓度配药且配药工具需准确无误；严格按照国家规定的农药安全使用间隔期施药。

（12）精准配药技术　精准配药技术能避免随意增减用药量、延缓抗药性的同时确保药效。精准配药对器材的要求：度量精准、使用携带方便。

（13）高效施药，采用新型药械　新型药械具有以下优势：①可以节水、节药、节省人力；②其雾化水平高，均匀度高，能提高农药利用效率；③不受剂型限制，不损失药剂有效成分；④无需进棚作业，效率高，对施药者无污染。

5. 产后残体无害化处理技术

病残体既是草莓病虫发生的初始来源，又是主要传播途径，因此草莓拉秧后残体无害化处理极为重要。生产结束后，应该及时、妥善处理拉秧后的植株病残，灭杀残体上的大量病虫，控制源头。

一般病残体无害化处理方法有菌肥发酵堆沤、太阳能高温堆沤、太阳能臭氧无害处理、臭氧无害就地处理等，但不同方法各有其利弊：①菌肥发酵堆沤杀虫彻底且堆肥质量高；②太阳能高温堆沤时间长，易受天气影响；③太阳能臭氧无害处理成本高，只适合大型园区；④臭氧无害就地处理无需运送，方便快捷。

第六章

果实采后处理和销售

第一节　草莓果实特性和品质鉴定

一、草莓果实特性

草莓果实是由许多化学物质构成的，形成了其特有的色、香、味和质地等特性。草莓含有各种维生素和矿物质，能够提供人体所需的营养物质。各种化学物质在采后储藏过程中，都会发生变化，这些变化与果实的品质、储藏寿命密切相关。

1. 风味物质

（1）甜味物质　可溶性糖是果蔬产品的主要甜味物质，草莓中的可溶性糖主要包括葡萄糖、果糖和蔗糖，前两者约占 80%，蔗糖较少，占 20% 左右。甜味的大小与含糖量有关，也受其他物质，如有机酸的影响。

（2）酸味物质　果蔬中的有机酸含量一般为 0.6%～1.6%，大部分是柠檬酸，占 90%，还有 10% 的苹果酸，是构成新鲜果实风味的主要成分。酸味物质的强弱与含酸量、缓冲效应及其他物质存在有关，会随着温度升高而增强。

（3）涩味物质　草莓果实中涩味物质主要是单宁，即多酚类化合物，以无色花青素和儿茶酚为主。

（4）鲜味物质　主要来自具有鲜味的氨基酸、肽类物质，这些物质主要含有天门冬酰胺（70％以上）、丙氨酸和谷氨酸。

（5）芳香物质　草莓的香味是由一些挥发性物质组成的，主要含有酯类、醛类、酮类和萜烯类物质，种类超过 360 种。果实成熟时，这些挥发性物质就会增加，使果实香气浓郁。

2. 色素物质

草莓的色泽是人们感官评价其质量的一个重要指标，在一定程度上反映了果实的新鲜程度、成熟度和品质的变化，是成熟的重要外观指标。

（1）叶绿素　未成熟的果实中含有较多的叶绿素，随着成熟度增加，绿色逐渐消退，呈现出其他色。

（2）花青素　是形成果实红、紫等颜色的色素，在植物的花、果实中大量存在。

3. 质地物质

草莓是典型的鲜活易腐品，果实的质地主要体现在脆绵、硬软、致密疏松等方面，不同的生长阶段，质地会有较大的变化，因此质地是判断果实成熟度、确定采收期的重要参考依据。

（1）水分　水分是影响果实新鲜度、糖度和口感的重要成分，与风味品质密切相关。草莓含水量高达 90％左右，水分的存在使果实饱满、新鲜、有光泽，但同时也为微生物的滋生及呼吸作用创造了有利因素，限制了果实的贮存期。所以，果实采后必须考虑水分的控制。

（2）果胶物质　果胶物质常常和纤维素、半纤维素结合，使细胞彼此联结，从而维持未成熟果实的硬脆质地。随着果实的成熟，果胶物质会分解为溶于水的可溶性果胶酸，失去粘连性，使果实呈软烂状态。

（3）纤维素和半纤维素　纤维素和半纤维素是细胞壁的主要构成成分，是果实的骨架物质，起到支撑和保护作用，对果实贮藏和品质有重要意义。

4. 营养物质

（1）维生素　维生素是人体必需摄取的营养物质，草莓中维生素 C 含量很高，鲜果中为 50～120mg/100g，同时还含有 B 族维生素、维生素 A（类胡萝卜素）等物质。

（2）矿物质　草莓果实中富含钙、镁、钾、磷、铁等矿物质，这些物质是人体正常生理功能必不可少的成分，对果实的品质有重要影响，甚至影响采后贮藏效果。钙、钾含量高时，果肉密度大而致密，耐贮存。

（3）碳水化合物　主要包括可溶性糖和淀粉，鲜果中碳水化合物含量为

5.7g/100g。在果实成熟时，淀粉转化为糖分，使甜味增加。

二、草莓品质鉴定方法和内容

随着人们生活水平的提高，在消费果品时，人们越来越看重其品质属性。凡是品质优秀、质量高的产品不仅畅销，而且价格高。不同基地的草莓产品竞争的核心就是其品质。所以，只有重视生产、贮运、包装等各个环节，才能最终树立良好的品牌和获得较高的经济效益。

品质鉴定的目的不仅仅为分级提供依据，可以更好地了解草莓的内在营养状况，为消费者放心食用提供依据，同时，品质鉴定也是推动农业标准化生产的重要手段。

1. 草莓品质的概念

果蔬品质是指满足某种使用价值全部有利特征的总和，是衡量产品优劣的指标，主要指外观、风味和营养价值的优越程度。草莓的品质不仅取决于品种，而且与其生长发育中的环境条件（温度、光照、降水、土壤等）和所采用的农业技术措施（土肥水管理、疏花疏果、病虫害控制、生长调节剂使用等）密切相关。

2. 品质鉴定方法

品质鉴定的方法主要有感官鉴定法和理化鉴定法。

（1）感官鉴定法　凭借人体自身的眼、耳、鼻、舌、手等感觉器官；也就是用眼睛看、鼻子闻、耳朵听、嘴巴尝等方式，对草莓果实的色香、味、外观形态等进行综合性鉴别和评价。这一方法简单易行，直观实用，真实可靠。当然，由于鉴定者个人嗜好、工作经验不同，结果会有一定的差异，是一种定性判断方法。

（2）理化鉴定法　利用各种仪器设施进行品质鉴定的方法。一般有物理检测和化学分析两种方法。特点是结果准确，不受主观因素影响，结果可以数量化。

3. 品质鉴定的内容

从本质属性上归为3大类，即感官质量、营养质量和安全质量。

（1）感官质量　感官质量是指人们通过视觉、嗅觉、触觉和味觉等感官感受和认识的属性，消费者对果实品质的感觉，首先是外观品质。外观是引起消费者购买欲望的第一因素。在判断果实品质时，除了目测评价外，经过品尝进行判断也是主要的检验方法，但不同的人爱好不同，有较大的差异。感官质量又可分为表观特性、质地特性和风味特性等。

① 表观特性：通过视觉所认识的属性，包括果实大小、形状、色泽光泽和缺陷等外观品质，这些是决定果实质量的主要因素，也是决定市场价格的最重要因素。

色泽是果实很重要的表观属性，只有达到一定成熟度时，才能表现出典型的色泽。外观色彩可作为果实综合品质是否达到理想程度的外观指标，是果实分级的主要标准之一。色泽又是给予人们的第一感觉，直接刺激消费者的购买欲望，所以，色泽常常是消费者决定购买的基础。

消费者对果实的大小和整齐度有明确的选择。产品按大小进行分级时，同样规格的作为一个级别进行包装销售。

畸形果很难被接受，皱缩、碰伤、压伤等表面缺陷会使商品价值降低，使消费者失去购买欲望。

② 质地特性：质地属性包括果实内在和外在的某些特征，一般指在口中凭借触觉感受到的特性。质地的复杂特性是以许多方式表现出来的，用来描述质地特征最有意义的术语有硬度、脆度、沙性、棉性等，质地属性是鉴别产品被接受程度的内在标准。

③ 风味特性：包括口味和气味，主要由果实组织中的化学物质刺激味觉和嗅觉而产生。基本味觉是由水溶性物溶解于唾液后，通过味孔和味蕾中的味觉受体细胞结合产生的。果实主要有 4 种口味感觉，即甜、酸、苦、涩，分别由糖分、有机酸、苦味物质和鞣酸物质产生。气味对总体风味影响比较大，可给人愉悦或难受的感觉。草莓的香气成分较多，主要有酯类、醇类、醛类和酮类等。果实成熟时产生大量该种化合物。

（2）营养质量　指以营养功能为主的果实内在属性，是果实内生化物质的营养功能综合形成的内在品质属性。营养品质是果实最重要的方面，也是其存在的价值所在。主要有水分、碳水化合物、有机酸、蛋白质、维生素、矿物质、酶等。营养质量无法依靠感官直接鉴别出来。

（3）安全质量　草莓的安全质量是由农药残留（杀虫剂、杀菌剂、生长调节剂等）、重金属污染、有害微生物及其毒素等风险因子构成，安全质量同样无法用感官鉴别出来，只有专业的检测仪器才可以鉴别。因此，在草莓生长贮运过程中，必须加强管理和控制，以免有毒有害产品流入市场，对人们健康造成伤害。

第二节　草莓果实采后病害及预防措施

草莓果实从成熟到到消费者手中需要经过很多环节和时间，从消费者角度讲，果实的品质和质量安全除了与种植过程、成熟度密切相关外，贮藏性能也是重要的影响因素，而采后腐烂往往是造成货架期短的主要原因。病害侵染是引起果实采后腐烂的根本原因。

一、采后病害的类型

根据侵染时序和发病时机，果蔬采后病害类型可分为生长期感染带菌而贮运期发病、贮运期感染与发病两类。

1. 生长期感染带菌而贮运期发病型

是指病原物于果蔬生长期间侵入果蔬体内或与果蔬接触，但不引起或引起果蔬部分发病，而在果蔬采后的贮运期间，引起果蔬彻底发病的病害类型。

此类病害多数具有病原菌潜伏侵染、贮前病斑不明显、不易发现等特点，对果蔬产品在贮运中质量的保存危害很大，因此是病害防治中的一大重点。

针对不同的病害类型应采取不同的防治方法。针对贮藏期或以贮藏期为主的病害，应注重对具有潜伏性的病原物的侵入和带菌量的控制，采取采前喷药与采后浸药相结合的方法进行防治。

2. 贮运期感染与发病型

此类病害的病原菌主要是通过采后果实表面的机械损伤和一些生理性伤口进行侵染的。导致此类病害发生的病原菌多属弱寄生菌。细菌性病害及相当一部分真菌性病害都发生于贮运期。如草莓灰霉病和细菌性软腐病等。

针对此类病害进行以下几点防治。

（1）在贮藏前对果蔬进行严格挑选，去除机械伤果和病虫果。

（2）贮藏前后一切操作要轻拿轻放，防止人为损伤。

（3）在贮运前对果蔬进行处理，杀灭病原菌并提高果蔬抗病能力。

（4）改善贮藏条件，通过对温度、湿度、气体环境等的控制为果蔬提供良好的环境以提高其抗病能力，同时抑制病原菌的滋生。

二、草莓病害采前预防和采后防治措施

病原菌、果实和环境是果蔬病害的 3 个主要因素。在病害系统中，三者相互依存，相互影响，任何一个发生变化均会影响到另外两个因素。正是三者的协同作用导致果蔬病害的发生，因此称为"病害三要素"。病害防治的基本原则是预防为主，综合防治，这也是我国植保工作的总方针。所谓预防即在病害发生前采取各种措施阻断病害循环的过程，把病害消灭在发生前或初发阶段。综合防治有两方面的含义：一是对一种或多种病害进行综合治理；二是利用各种防治措施，取长补短，综合治理，创造不利于病害发生而利于产品生长或贮藏的环境条件，从而达到防治病害的目的。主要分为采前预防和采后防治。

1. 采前预防

（1）钙制剂处理法　钙是植物细胞壁和细胞膜结构物质，在保持细胞壁结构、维持细胞膜功能方面具有重要意义。研究表明，钙对于园艺产品品质的影响远比镁、钾、氮、磷都重要，钙在保持果实硬度，抑制与成熟相关的酶，使果实对病原菌保持高抵抗力，延缓果实采后成熟衰老等方面都具有重要作用。为了提高草莓果实耐贮性，采前喷钙是一种不错的办法。

（2）天然植保物质处理法　结合种植过程中病害防治，施用符合绿色食品或有机产品标准的天然投入品，如食醋、木醋和竹醋液、碳酸氢钾等物质或者动植物产生的天然物质，根据草莓生长特性定期对叶片和果实进行喷施，既能防治生长期白粉病、灰霉病的发生，又可以提高草莓品质，降低采后腐烂，达到延长货架期的目的。

（3）微生物菌剂处理法　利用微生物的拮抗作用从种植时期开始防治病害是近年来出现的一种可代替化学防治途径的新措施，是生物防治的一种。生物防治对环境和农产品没有污染，对人体没有毒害作用，是一种值得探索的新方法。

生物防治是指通过微生物之间固有的拮抗作用，利用一些对果蔬不造成危害的微生物或具有抑菌作用的天然物质来抑制病原菌侵染的方法。目前，已经从土壤和植物中分离出包括细菌、小型丝状真菌和一些酵母菌在内的很多对引起果蔬病害的病原菌具有拮抗作用的微生物。这些微生物拮抗病原菌的机制目前还不是完全清楚，但大多数人认为具有拮抗作用的细菌和真菌是通过自身分泌的一些抗菌物质来抑制病原菌的生长的，我们称这种抗菌物质为抗生素。比如枯草芽孢杆菌可以产生一种被称为伊枯草菌素的物质，这种物质对草莓灰霉

菌和根腐菌有较强的抑制作用。拮抗病原菌的酵母菌则多是通过竞争抑制而起作用的，它们的繁殖能力很强，可在果蔬表面的伤口处大量快速繁殖，与病原菌竞争生存空间和营养物质从而达到抑制病原菌生长的效果。利用酵母菌进行生物防治的优点是可以避免病原菌对抗生素产生抗性而降低生物防治的抑病效果。

2. 采后防治

采后防治就是在果实采摘后创造不利于病害生长的环境，如采后用化学防腐剂浸泡处理可以降低草莓果实贮藏期间匍枝根霉和灰霉的发病率；有效控制草莓采后果实的腐烂。化学合成杀菌剂虽然是传统的果实采后处理方法，然而随着人们健康意识的增强，化学杀菌剂带来的药剂残留、环境污染以及抗性菌株等问题日益凸显，化学合成杀菌剂将逐渐被其他更安全高效的生物保鲜剂所取代。

安全、健康的天然保鲜剂和生物保鲜剂是草莓保鲜的发展方向和研究热点。很多天然植物含有活性抗菌成分，是研究天然防腐保鲜剂的重要材料。连翘、大黄的乙醇提取液，高良姜素、黄连的水提液及丁香、肉桂提取液为主要成分的天然防腐剂对草莓果实表面的黑根霉具有显著的抑制作用，将这种天然防腐剂加入涂膜液中，可以有效降低草莓果实在贮藏过程中的腐烂率。

通过综合采用采前、采后相结合的防治方法，实施保护性和杀灭性措施并重的综合性防治措施，并贯彻"以防为主，防治结合"的原则，可以很好地控制草莓贮藏病害的发生。

第三节　果实采收和包装

一、果实采收

果实在田间生长到一定阶段达到鲜食、运输或加工的要求后，即可采收。采收后果实失去了来自土壤或母体的水分和养分供应，成为一个利用自身贮藏物质进行生命活动的独立个体，采收后的生命活动是田间生长发育的继续，同时又发生了不同于采前生命活动的变化。

1. 采收成熟度的确定

采收期对果实产量和品质有着重要的影响，采收过早，果实大小和质量达不到要求；采收过晚，果实在植株上已经衰老，采后不耐贮藏和运输。因此确定最佳成熟期是一件非常重要的事。应该根据采后用途、运输距离远近、流通时间长短以及该品种的耐贮性能来确定最佳采收期。一般本地销售的可适当晚收，长距离运输的适当早收。总的来说，草莓果实含水量高达 90%～95%，外皮无保护作用，采收和贮运中容易受损伤、腐烂变质，货架期很短。因此要根据品种特性、果实用途、距离远近、采后处理方式等因素，考虑适宜采收的成熟度。

草莓从开花到成熟所需天数随不同季节和温度高低而不同。北京日光温室促成草莓最早可在 12 月中下旬开始采收，持续到第二年 4 月下旬至 5 月上旬，采收期持续 5 个多月。长江中下游地区露地栽培草莓最早可在 4 月底采收，采收期 30 天左右。

果皮颜色是成熟的重要标志。在成熟过程中果面颜色由浅变深、着色范围由小变大，一般经历绿熟期、后熟期、转色期和转红期，生产上可作为采收成熟度的标准。一般鲜食草莓在果面着色达到八九成时即可采收，如果消费者现场采摘，则可待果实完全成熟时采收。如果加工为果酱要等到完熟采收以提高糖分和风味。草莓在不同温度条件下采后存放的时间是不同的，气温高不利于草莓存放。12 月份到翌年 2 月份，气温低，可在果实九成熟时采收；3～5 月份可在八成熟时采收。

2. 采收方法

草莓果实是陆续成熟的，采收应该根据成熟情况，每天或者隔天分批采收。采收时间应尽量在早上或傍晚时分气温低的时间进行，这样的草莓所带的田间热少，果实不易腐烂。如果中午采收，阳光强烈，果实的体温较高，呼吸作用旺盛，所带田间热多；同时，水分蒸发快，产品易失水和腐烂。

采收果实时，应用拇指和食指轻轻含住果实，往下轻轻一掰，果柄与萼片间成熟时产生了离层，果实会自然脱落。这样既不会产生伤口，也不会使掐下的果柄触碰伤害到果实表皮。为避免污染和捏伤，最好戴上手套操作，并随时剔除残次果。

采收所用容器要浅，底部要平整，内壁光滑，且不能装得太满，最多不超过 3 层，否则就会挤压。可选用高 6m、宽 30～40cm、长 40～60cm 的塑料周转箱或者木质周转筐，卡槽叠放，使用十分方便。

二、分级包装

1. 分级

草莓采收后应按照不同品种、大小、色泽和形状进行分级包装，符合《草莓等级规格》（NY/T 1789—2009）标准要求。草莓应符合外观完好新鲜、无腐烂和变质果实、无可见异物、无严重机械损伤、无害虫和虫咬痕迹、无异常外部水分、无异味、具有新鲜绿色萼片和果梗、成熟度满足运输和采后特级、一级和二级 3 个等级处理 10 项要求。根据这些要求将果实分为特级、一级和二级 3 个等级，同时根据果实大小，确定为 3 个规格，见表 6-1。

表 6-1　草莓规格分类　　　　　　　　　　　　　　　　单位：g

规格		大	中	小
大果型	单果重	≥25	20～25	≥15
	同一包装中单果重差异	≤5	≤4	≤3
中果型	单果重	>20	15～20	≥10
	同一包装中单果重差异	≤4	≤3	≤2
小果型	单果重	>15	10～15	≥5
	同一包装中单果重差异	≤3	≤2	≤1

（1）特级　优质、具有本品种的特征，外观光亮，无泥土。除不影响产品整体外观、品质、保鲜及其在包装中摆放的非常轻微的表面缺陷外，不应有其他缺陷。

（2）一级　品质良好，具有本品种的色泽和果形特征，无泥土。允许有不影响产品整体外观、品质、保鲜及其在包装中摆放的轻微缺陷，即不明显的果形缺陷（无肿胀或畸形），未着色面积不超过果面的 1/10，轻微的表面压痕。

（3）二级　在保持品质、保鲜和摆放方面基本特征前提下，允许下列缺陷：包括果形缺陷，未着色面积不超过果面的 1/5，不会蔓延的、干的轻微擦伤，轻微的泥土痕迹。

草莓的感官品质指标主要包括果形、色泽及着色度、单果重、碰压伤和畸形果比例。这些指标作为分级的基础，同时要求果实新鲜洁净，无异味，有本品种特有的香气和形态特征，带有新鲜萼片。

出口草莓一般按照输入国的标准进行分级，且不同品种的分级标准有所不同。

2. 包装

果实采后仍然是一个生命体，有呼吸和蒸腾作用，消耗果实的营养物质，造成果实失水萎蔫。包装可以缓冲环境温度对产品的不良影响，防止受到尘土和微生物的污染，减少产品失水萎蔫，减少产品间的摩擦和挤压，同时有利于运输和贸易。果蔬包装是标准化、商品化、保证安全运输和贮藏的重要措施。有了合理的包装，就有可能使果蔬在运输途中保持良好的状态，减少因互相摩擦、碰撞、挤压而造成的机械损伤，减少病害蔓延和水分蒸发，避免果蔬因堆积发热而引起腐烂变质。包装可以使果蔬在流通中保持良好的稳定性，提高商品率和卫生质量。同时包装是商品的一部分，是贸易的辅助手段，为市场交易提供标准的规格单位，免去销售过程中的产品过秤，便于流通过程中的标准化，也有利于机械化操作。所以适宜的包装不仅对于提高商品质量和信誉十分有益，而且对商品流通也十分重要。

草莓果实相对柔软，容易受损伤，是最不易保鲜的一类产品，做好包装是生产中一个重要的环节。包装应具有防压、防震、防冲击性能，可以因不同销售市场类型采用不同的包装形式，从采收到销售尽量做到不倒箱。以鲜果供应市场的草莓，采用小包装，包装盒可采用聚丙烯、高密度聚乙烯等透明塑料盒，该类材料无毒无害、无异味，干净卫生。包装盒上有通气孔，规格尺寸一般为220mm×155mm×40mm，装果500g左右。装盒时应轻拿轻放，将果实萼片端统一朝下或朝向侧面，保持摆放整齐，以减少果实间的触碰。对外装车运输时，可把塑料小盒装到瓦楞纸箱或塑料周转箱内，瓦楞纸箱和塑料周转箱以摆放3～5层为宜，参考尺寸为500mm×320mm×200mm，箱底铺垫松软物，以减缓碰撞。这样能较好地保护果实避免运输中颠簸挤压，而且卖相好，便于顾客挑选和携带。

随着电商平台的普及，众多卖家通过物流直接将草莓快递到家，这对包装提出了更高要求。市场中出现了充气式包装、悬浮式包装等多种形式，可以很好地解决振动引起的挤压问题。

在包装盒显著位置应加贴标签，标签上标注产品名称、标准、等级、生产企业和地址、联系电话、包装日期等信息，如果获得绿色食品或者有机产品标志证书，则还要按照相应规则标注有关标志和信息码。

第四节 草莓果实贮藏和运输

一、贮藏保鲜的机理

我国是果品蔬菜生产大国，产量居世界第一位，但每年因采后病害造成的损失高达数十亿元。如何有效控制果蔬采后病害，减少采后损失，是农业领域亟待研究解决的重大课题。果蔬贮运过程中的病害由病原微生物引起，是导致采后果蔬商品腐烂与品质下降的主要原因之一。在生产实践中，侵染性病害普遍发生。在美国等发达国家，采后腐烂损失在24%左右；在发展中国家，由于缺乏贮运冷藏设备，其腐损率高达30%～50%。草莓是不易贮藏、特别容易腐烂的生鲜果品。

收获后的果实，其呼吸代谢等一系列生理生化变化和全部的生命活动，与周围的环境条件密切相关。果蔬贮运保鲜的基本原理是：通过研究和控制环境条件，采用适合果蔬特性的处理方法，将其呼吸代谢和衰老进程抑制到最低限度，从而延长果蔬贮运寿命，降低腐烂和衰老造成的损耗，保持其新鲜品质。

必须强调的是，果蔬采后仍像生长在植株上（或土壤中）一样，保持着生理活性和呼吸代谢等活动，所不同的是不能再从植株（或土壤中）中得到水分和其他养分的补充。因此，它将不断地失去自身的水分和消耗生长时所积累的各种物质，并逐渐开始自身的衰老代谢。这就是果蔬收获后品质、风味等不断变化（或下降）的内在原因。而微生物等侵染是造成果蔬腐烂的外在因素。如果贮运环境条件适宜，则能够延缓其自身生理变化和衰老进程；如果不适宜，就会加速其采后变质、败坏和有利于有害微生物的侵染，使贮运寿命大大缩短。因此，一切延长果蔬贮运寿命和减少腐烂损失的贮运保鲜技术，都必须以果蔬的生理特性要求、延缓衰老、减少微生物侵染的伤害为首要条件。适宜的低温，是最有效的先决条件，其措施则必须以"适宜的低温"为基础。可见，果蔬贮运保鲜最关键的是温度问题。草莓不耐贮藏，货架期短，采后3天左右会失去鲜亮的光泽，逐渐失水萎蔫，风味变淡，并开始腐烂，低温是延长货架期的有效措施。

二、贮藏保鲜技术

具体的贮藏技术主要有以下几种。

1. 物理保鲜

（1）低温贮运　众所周知，果蔬贮藏、运输、销售过程中引起的损失表现在3个方面：病原菌为害引起腐烂的损失；蒸发失水引起重量的损失；果蔬生理活动自我消耗引起养分、风味变化造成商品品质上的损失。温度是上面3个损失的主要影响因素，采后低温贮运，不仅可以直接控制病菌危害，还可以通过保持果蔬新鲜状态而延迟衰老，因而具有较强的抗病力，间接地减少损失。一般认为，草莓果实适宜的贮藏温度为0℃，所以草莓采收后应及时强制通风冷却，使果温迅速降至贮藏温度。此外，由于草莓果实耐高二氧化碳，在0℃低温贮藏时，在气调冷库中冲入10%二氧化碳处理可明显延长草莓贮藏期。如果非长距离运输，为避免草莓果实颜色由于低温变暗，可以预冷到7～9℃即可。

（2）热处理　热处理指用热蒸汽或热水对果蔬进行短时间处理，是近年来发展起来的一种非化学药物控制果蔬采后病害的方法。目的在于杀死或抑制表面微生物以及潜伏在表皮下的病原菌。大量的试验证明，采后高温处理可以有效地防治果实的某些采后病害，有利于果实保持硬度，加速伤口的愈合，减少病菌侵染。如采后草莓采用43℃热蒸汽处理30min，可以很好地防治黑腐病和灰霉病。草莓经50℃热水处理10min，在5℃条件下放置10天，腐烂指数为53.33%，而对照组腐烂指数达100%。

（3）涂膜保鲜　可食性被膜能在果蔬表面形成一层对水分和气体具有半透性的屏障从而降低果蔬的呼吸作用，对抑制果蔬贮藏期间病原微生物的生长和保持果蔬品质具有良好的作用。目前，用于草莓保鲜的被膜材料主要有蛋白被膜（玉米醇溶蛋白、大豆蛋白、面筋蛋白）、多糖被膜（壳聚糖、魔芋葡甘聚糖、海藻酸钠）、油脂被膜等。1%的甘薯淀粉涂膜可以显著减少草莓腐烂，用1.5%壳聚糖被膜处理草莓后，20℃下贮藏4天，果实未发生真菌腐烂，且延缓了果实成熟，添加油酸可以进一步增强壳聚糖被膜抗菌性能与保水性能；另外，可食性膜还是防腐剂的良好载体，将防腐剂添加到被膜材料中，然后对草莓果实进行涂膜处理，可以显著提高被膜的抑菌防腐效果。在1%壳聚糖涂膜液中添加0.04%纳他霉素，显著降低了草莓果实的腐烂率。在大豆蛋白复合膜中添加0.3%亚硫酸钠也可以降低草莓果实腐烂率。

（4）薄膜包装　草莓气调贮藏是研究较多的实用技术之一。用纯氮处理草莓，然后置于室温条件下6天，对照果实将近全部腐烂，处理果实只有5%腐烂率，另外，采用10%～15% CO_2 气调处理可显著抑制贮藏期果实内源乙烯及脱落酸的生物合成，降低纤维素酶活性上升速率，从而有效控制果实腐烂率，保持果实品质。基于这个原理，薄膜包装的简易气调贮藏技术已广泛应用于草莓果实采收后，先装入果盘内，再用0.04mm厚聚乙烯薄膜密封，置于0～5℃低温和85%～95%相对湿度环境中，袋内空气中氧气逐渐下降到3%，二氧化碳上升到6%。草莓可保存2个月以上不变质。

（5）其他物理方法　贮运环境的相对湿度是影响果蔬采后品质的关键因素，不仅抑制微生物活动，而且对防止果实失水都有非常好的效果。超声波具有机械效应、热效应和空化效应等特殊的物理性能，可以通过扰乱病菌细胞的生命活动来达到杀菌的目的，具有无化学残留、安全性高、简便有效等优点，被广泛用于控制果实采后病害。

物理方法处理采后果实无农药残留，安全性能高，具有较好的发展前景。

2. 化学保鲜

（1）水杨酸　水杨酸是一种内源激素，可以抑制采后果实成熟过程中乙烯的合成，延缓组织衰老，同时，水杨酸与果实的诱导抗病性有密切联系，能够降低多种果实贮藏期间的腐烂率。适宜处理浓度为2mmol/L，过高或过低效果都不好，因此使用水杨酸处理草莓，应控制在适宜的浓度范围内。

（2）山梨酸　山梨酸具有防腐作用，对霉菌、酵母菌及好气性细菌均有抑制作用。李骏（2001）曾报道，用0.05%山梨酸浸泡草莓果实2～3min，可延长草莓贮藏寿命。

（3）化学合成杀菌剂　采后杀菌剂处理是果蔬采后常用的处理方法之一。近年来人们研究了氯乙氰酸钠、二水合二氯、异氰尿酸钠、异菌脲、啶酰菌胺、嘧菌环胺、环酰菌胺等商业化应用的化学合成杀菌剂对草莓防腐保鲜的效果。用异菌脲处理种植中的草莓，可以减少采前草莓果实的腐烂率，提高了草莓产量。开花期至采收期间喷洒啶酰菌胺或啶酰菌胺，可以减少草莓果实贮藏期间匍枝根霉和灰霉的发病率。采后用啶酰菌胺结合咯菌腈复配溶液浸泡处理，可显著降低草莓果实贮藏期间匍枝根霉和灰霉的发病率，有效控制草莓采后果实的腐烂。化学合成杀菌剂虽然是传统的果实采后处理方法，但随着人们健康意识的增强以及由化学杀菌剂带来的药剂残留、环境污染以及抗性菌株等问题，化学合成杀菌剂将逐渐被其他更安全、有效的生物杀菌剂所取代。

3. 生物保鲜

（1）天然产物保鲜　安全健康的天然保鲜剂和生物保鲜剂是草莓保鲜的发

展方向和研究热点。很多天然植物含有活性抗菌成分，是防腐保鲜剂的重要材料。食醋、木醋、竹醋液以及八角、丁香、肉桂、小茴香、肉豆蔻等天然香辛物质提取物可抑制草莓果实表面黑根霉的生长。在采前3～5天使用可以有效。

（2）复合益生菌保鲜　益生菌制剂中含有的拮抗病害的枯草芽孢杆菌、多黏类芽孢杆菌、哈茨木霉和克鲁维酵母等，在草莓采前使用后，能有效控制灰霉病引起的腐烂。有研究表明，采前施用靠山多霸复合益生菌可显著减少采后草莓腐烂的发生，与对照组相比，可最大延长草莓货架期52％。尽管益生菌对草莓真菌病害表现出较好的控制效果，但由于不同企业的产品性能不尽相同，就需要在实践中不断摸索出适合自己基地的技术方案。

（3）壳聚糖涂膜　壳聚糖是一种相对分子质量高的阳离子多糖，安全、无毒。用它涂膜可减少水分散失，阻止果实内外气体交换，抑制呼吸，防止微生物侵染，改善表面光洁度，从而达到保鲜的目的。不同浓度壳聚糖溶液可阻止草莓果实维生素 C 含量下降，防止失重率与腐烂率上升。利用 1.25％壳聚糖处理草莓后贮藏效果最佳。

三、运输

草莓运输是通过运输工具在自然外界条件下进行的，在运输过程中由于受到线路、运输工具、货品堆码情况等影响，不可避免地出现震动情况。温度、湿度的控制和装卸摆放货品都是运输流通中需要注意的问题。目前，从产地到批发市场绝大多数通过汽运完成，研究开发草莓贮藏运输保鲜的成套工艺设备，提高采收与采后商品化处理的综合技术的综合应用开发，是我国今后保鲜领域发展的重点。

为了确保果实品质，从产地到消费者之间需要一定的温、湿度条件，即采收后处理、贮藏、运输、销售等一系列流通过程都应实现低温环境以保持新鲜度，这种低温保藏体系称为冷链运输系统。冷链运输必须以合适的包装为基础。目前部分超市已经出现了可以码 10 层的泡沫箱，每个箱子只摆放一层草莓，既防止挤压，又能很好保温。

第七章

生产记录与追踪

第一节 建立记录与追踪的意义

一、依法律法规的要求

根据《中华人民共和国农产品质量安全法》第二十七条的规定，农产品生产企业、农民专业合作社、农业社会化服务组织应当建立农产品生产记录，农产品生产记录应当至少保存 2 年，禁止伪造、变造农产品生产记录。

二、质量认证的要求

无论是绿色食品还是有机农产品，都对记录和追踪提出了明确要求，做好系统记录和追踪是企业自身落实生产规程的表现形式，是质量管理体系有效运行的证据，能够充分体现生产加工过程控制与管理中依据标准实施的规范性，能够有效避免过程的"口说无凭"，能够有力地体现企业的"事事可溯源，件件可追踪"，通过前后一致的记录来说明自身质量控制的水平，保证符合性验证的要求。

三、自我诚信和品牌维护的要求

农事记录可以帮助生产者养成良好的种植习惯，为操作者提供种植参考，农事记录可以详细记录生产中的投入及产出，帮助掌握生产过程中病虫害发生规律，做到精细化管理，准确规范的操作，实现了作物效益最大化目标，一旦出现了质量问题，可以通过完整的记录实现逆向的追踪，获取各环节的有关信息，以做出快速反应和处理。可信的记录说明生产单位的诚信度很高，自我约束性强，同时对已有的品牌是完整的切实保护，以此提升自身产品的价值和市场占有率。

四、智慧监管的必然要求

系统性的生产记录追踪建设是农产品质量安全监管的有效途径，是推动质量兴农、绿色兴农、品牌强农的重大举措，对增强农产品质量安全保障能力，提升农业整体素质和提振消费信心具有很重要的意义。

第二节　记录与追踪的内容

一、建立完善的可追溯体系

生产单位应建立完善的可追溯体系，保持可追溯的生产全过程的详细记录（如地块图、农事活动记录、加工记录、仓储记录、出入库记录、销售记录等），以及可追踪的生产批号。系统主要包括如下内容。

（1）生产单元的历史记录及使用物质的时间及使用量。

（2）种子、种苗等繁殖材料的种类、来源、数量等信息。

（3）肥料生产过程记录。

（4）土壤培肥使用的肥料的种类、类型、数量、使用时间和地块。

（5）病、虫、草害控制物质的名称、成分、使用原因、使用量和使用时间等。

（6）所有生产投入品的台账记录（包括来源、购买数量、使用去向和数量、库存数量等）及购买单据。

（7）植物收获记录，包括品种、数量、收获日期、收货方式、生产批号等。

（8）加工记录，包括原料购买、入库、加工过程、包装、标识、储存、出货运输记录等。

（9）加工厂有害生物防治记录和加工、储存、运输设施清洗记录。

（10）销售记录。

（11）培训记录。

（12）内部检查记录。具体见下表。

追踪信息和记录类别

追踪信息	内容	描述	记录性质
生贤信息	购买名称、来源、数量、规格		合同、发票、出入库
种苗信息	种苗名称、来源、数量、规格		发票、出入库
种植基地	生态环境、土壤、温湿度信息		检测报告、记录本
施肥灌溉	施肥品种、时间、数量、次数、人员、灌溉次数、时间		记录本
病虫草害	用药名称、剂量、次数、防治对象、作业人员		记录本
采收	采收日期、基地编号、数量和规格、采收方式、作业人员、包装容器		记录本
标识	名称、批号、数量和规格		记录本、领用单
销售	目标客户、数量和规格		出库单、销售票据
培训	时间、地点、培训人员		签到表、影像照片
内部检查	时间、检查部门、问题、人员		记录单、内部检查报告

二、建立质量管理体系

可追踪记录的实现有赖于质量管理体系的建立和运行。无论绿色食品还是有机农产品企业，在整个生产经营过程中必须建立管理体系，并进行有效控制和维护。一是要编制质量控制规范或质量管理手册，明确各相关岗位的职责和权限，任命内检员。二是内检员按照职责要求，负责实施和保持管理体系的持续符合要求，定期组织内部培训和检查，定期督导各岗位人员按时做好记录和归档工作。

第三节 记录与追踪的要求

一、要真实记录

就是有一记一，有二记二，对生产环节中的事项真实记录，反映客观事实，如培训记录，参加的人员应该每人自己签字，不能代签，培训的次数及内容都应该与其在其岗位相关，培训的时间、地点及现场要有相关的照片、影像来做证等。不能凭空想象或无中生有地造假记录。

二、要实时记录

就是对过程中的每一个环节和操作事项都应该在现场记录。如果条件当时不允许，也要当天找机会补救。各种记录表应该事先设计制作好，以方便实时操作，避免事后补贴的"回忆记录"和"编造记录"。

三、要细化记录

就是对操作中的每项记录要细致，如农家肥制作及使用记录，应该把原料的来源、配比、数量、堆制时间、地点、堆制方法，菌种名称与来源，每个地块的使用时间、数量、次数、效果等都做好记录，做好细致化。细致的记录好处是给自己总结经验教训，给认证检查提供可追溯证据，因此记录不能太简单粗放，否则起不到记录的效果。

四、记录要确实

就是每个环节的负责人或是内检员对自身形成的所有记录确认签名和落款时间，压实责任。

五、其他要求

年度工作结束时，记录及时归档，存在适合的文件柜里，由专人负责保管。绿色食品和有机农产品记录至少保存 3～5 年。

附录1

昌平草莓品质评价指标

根据昌平草莓品质营养的提升需求，围绕重点营养指标的选择、核心指标的确认、阈值的判定三方面开展优质、营养型的昌平草莓营养评价技术研究。前瞻性地考虑到我国居民健康消费需求，通过统筹规划、分步实施，为昌平草莓产业加快农业转型升级、提质增效和高质量发展提供技术支撑，从而助力农业供给侧结构性改革，促进居民膳食结构优化与健康。

通过对农产品外在和内在的特征进行检验分析，并与特定的标准进行比较，作出评价。昌平草莓营养品质评价体系依据《地理标志产品 昌平草莓》DB11/T 992—2021。标准中规定：昌平草莓是在本标准规定的保护范围内，按照规定的生产技术规程生产并达到相应质量要求的章姬、金中三姬、燕香等为主的香甜型品种和阿尔比（Albion）、卡玛罗莎（Camarosa）等为主的酸甜型品种果实。其外观品质及理化指标需符合以下要求：

项目		要求
外观品质基本要求		具有该品种的特征,果实新鲜洁净,无异味,果肉质地细腻,口感纯正、香味浓郁,无不正常外来水分,带新鲜萼片,具有适于市场或贮藏要求的成熟度
果形及色泽		果形端正、饱满,果面光泽亮丽,瘦果分布均匀,果实硬度较大,耐贮运
果实着色度		≥90%
单果重	大果型品种	≥25g
	中小果型品种	≥20g
碰压伤		无明显碰压伤,无汁液浸出
畸形果		≤1%

项目	要求	
	香甜型（章姬、金中三姬、燕香等）	酸甜型（阿尔比、卡玛罗莎等）
可溶性固形物/%	≥9.0	≥7.0
总酸量/%	≤1.0	≤1.3

结合《地理标志产品 昌平草莓》标准中的规定以及现阶段昌平草莓品质营养提升需求，因此，昌平草莓营养品质评价体系的建立应明确营养指标的方向，力求构建一个适合现阶段昌平草莓产业发展、能体现昌平草莓特色且具有代表性的评价体系。

1. 昌平草莓评价体系建立过程

首先选择万德园、天润园、鑫城缘合作社等 18 个昌平区草莓种植园区，每个园区采集代表性样品 20 个，开展果实品质营养指标分析研究。草莓品质指标测定果实大小、果重、色泽、糖分、酸度、糖酸比、香味以及维生素 C含量等；依托草莓种质资源圃中收集的品种资源，选取 50 个栽培品种进行品质测定，汇总并分析数据，从中选择后续评价指标，用于昌平草莓果品品质综合评价。在取得的数据基础上，对昌平草莓实施营养评价体系研究，建立基于关键核心指标的草莓食用营养品质评价指南。

2. 昌平草莓品质评价指标

（1）基本要求 果形完好，外观新鲜，无可见异物，无严重机械损伤，无害虫和虫伤；无腐烂变质，无异常外部水分，无异味；萼片、果梗鲜绿；果实的污染物限量应符合 GB 2762—2017 的规定，农药最大残留量应符合 GB 2763—2021 及其他有关国家法律法规的规定。

（2）等级划分 符合基本要求的前提下，草莓分为一级（SSS）、二级（SS）和三级（S）3 个等级。

① 一级：外观鲜亮，香气浓，硬度大。除不影响产品整体外观、品质、保鲜及其在包装中摆放的非常轻微的表面缺陷外，无其他缺陷，无畸形果。可溶性固形物含量（果尖取样）≥12%。未着色面积不超过果面 10%。

② 二级：外观洁净，有香气，硬度中等。允许有不影响产品整体外观、品质、保鲜及其在包装中摆放的下列轻微缺陷：不明显的果形缺陷（畸形果率≤10%）；未着色面积不超过果面 20%；轻微表面压痕。可溶性固形物含量（果尖取样）≥10%。

③ 三级：不满足一级和二级要求，但满足基本要求的草莓。在保持品质、保鲜和摆放方面基本特征前提下，允许下列缺陷，果形缺陷，畸形果率≤10%；

未着色面积不超过果面 20%；不会蔓延的、干的轻微擦伤；香甜型的可溶性固形物含量（果尖取样）≥9%；酸甜型的可溶性固形物含量（果尖取样）≥7%。

（3）等级质量容许度具体要求　一级可有不超过 5%（以数量或质量计）的草莓不满足本级要求，但应满足一级要求，其中机械伤果不超过 2%；二级可有不超过 10%（以数量或质量计）的草莓不满足本级要求，但应满足二级要求，其中机械伤果不超过 2%；三级可有不超过 10%（以数量或质量计）的草莓不满足本级要求，但腐烂、严重擦伤和严重虫伤果实除外，其中机械伤果不超过 2%。草莓规格分为大、中小两个规格（表 1）。

表 1　昌平草莓规格

规格类型	等级	单果重/g	同一包装内果重差异/g
大型果	大果	M≥35	≤5
	中小果	25≤M<35	≤4
中小型果	大果	M≥25	≤4
	中小果	20≤M<25	≤3

规格容许度具体要求如下：所有等级均可有 10%（以数量或质量计）的草莓不满足规格要求。

建立昌平草莓营养品质评价体系：首先，为生产者提供分级销售的依据。农产品的外观、品质、营养、口感等因素直接影响其销售单价，通过建立评价体系（如昌平草莓的分级标准），可以实现分级销售，促进农民增收。第二，能满足消费者的不同需求。现代消费者对于农产品的要求是安全、优质。在确保食品安全的前提下，不同消费群体对优质农产品的评判也不尽相同，建立分级评价体系，既能帮助不同收入人群更清晰地理解品质差异，也能针对其实质需求提供匹配的产品。第三，保持产销平衡，维护市场稳定。评价体系细化了农产品等级的同时也细化了生产者和消费者，能提升农产品的流转，减少资源浪费，进一步保持产销平衡。更重要的是精细化的生产及消费，有利于农产品市场健康、有序地发展。第四，提升农民的生产积极性，规范生产流程，实现农业的长远发展。在保障农产品安全、优质的前提下，评价体系能让农民获得应有的利益，调动其生产积极性，通过规范生产流程、提升栽培管理技术，生产出数量更多、品质更优的农产品，实现农业可持续发展。

附录2

农药管理条例

1997年5月8日中华人民共和国国务院令第216号发布

根据2001年11月29日《国务院关于修改〈农药管理条例〉的决定》修订

2017年2月8日国务院第164次常务会议修订通过根据2022年3月29日《国务院关于修改和废止部分行政法规的决定》第二次修改

第一章 总则

第一条 为了加强农药管理，保证农药质量，保障农产品质量安全和人畜安全，保护农业、林业生产和生态环境，制定本条例。

第二条 本条例所称农药，是指用于预防、控制危害农业、林业的病、虫、草、鼠和其他有害生物以及有目的地调节植物、昆虫生长的化学合成或者来源于生物、其他天然物质的一种物质或者几种物质的混合物及其制剂。

前款规定的农药包括用于不同目的、场所的下列各类：

（一）预防、控制危害农业、林业的病、虫（包括昆虫、蜱、螨）、草、鼠、软体动物和其他有害生物；

（二）预防、控制仓储以及加工场所的病、虫、鼠和其他有害生物；

（三）调节植物、昆虫生长；

（四）农业、林业产品防腐或者保鲜；

（五）预防、控制蚊、蝇、蜚蠊、鼠和其他有害生物；

（六）预防、控制危害河流堤坝、铁路、码头、机场、建筑物和其他场所的有害生物。

第三条 国务院农业主管部门负责全国的农药监督管理工作。

县级以上地方人民政府农业主管部门负责本行政区域的农药监督管理工作。

县级以上人民政府其他有关部门在各自职责范围内负责有关的农药监督管理工作。

第四条 县级以上地方人民政府应当加强对农药监督管理工作的组织领导，将农药监督管理经费列入本级政府预算，保障农药监督管理工作的开展。

第五条 农药生产企业、农药经营者应当对其生产、经营的农药的安全性、有效性负责，自觉接受政府监管和社会监督。

农药生产企业、农药经营者应当加强行业自律，规范生产、经营行为。

第六条 国家鼓励和支持研制、生产、使用安全、高效、经济的农药，推进农药专业化使用，促进农药产业升级。

对在农药研制、推广和监督管理等工作中作出突出贡献的单位和个人，按照国家有关规定予以表彰或者奖励。

第二章 农药登记

第七条 国家实行农药登记制度。农药生产企业、向中国出口农药的企业应当依照本条例的规定申请农药登记，新农药研制者可以依照本条例的规定申请农药登记。

国务院农业主管部门所属的负责农药检定工作的机构负责农药登记具体工作。省、自治区、直辖市人民政府农业主管部门所属的负责农药检定工作的机构协助做好本行政区域的农药登记具体工作。

第八条 国务院农业主管部门组织成立农药登记评审委员会，负责农药登记评审。

农药登记评审委员会由下列人员组成：

（一）国务院农业、林业、卫生、环境保护、粮食、工业行业管理、安全生产监督管理等有关部门和供销合作总社等单位推荐的农药产品化学、药效、毒理、残留、环境、质量标准和检测等方面的专家；

（二）国家食品安全风险评估专家委员会的有关专家；

（三）国务院农业、林业、卫生、环境保护、粮食、工业行业管理、安全生产监督管理等有关部门和供销合作总社等单位的代表。

农药登记评审规则由国务院农业主管部门制定。

第九条 申请农药登记的，应当进行登记试验。

农药的登记试验应当报所在地省、自治区、直辖市人民政府农业主管部门备案。

第十条 登记试验应当由国务院农业主管部门认定的登记试验单位按照国

务院农业主管部门的规定进行。

与已取得中国农药登记的农药组成成分、使用范围和使用方法相同的农药，免予残留、环境试验，但已取得中国农药登记的农药依照本条例第十五条的规定在登记资料保护期内的，应当经农药登记证持有人授权同意。

登记试验单位应当对登记试验报告的真实性负责。

第十一条 登记试验结束后，申请人应当向所在地省、自治区、直辖市人民政府农业主管部门提出农药登记申请，并提交登记试验报告、标签样张和农药产品质量标准及其检验方法等申请资料；申请新农药登记的，还应当提供农药标准品。

省、自治区、直辖市人民政府农业主管部门应当自受理申请之日起20个工作日内提出初审意见，并报送国务院农业主管部门。

向中国出口农药的企业申请农药登记的，应当持本条第一款规定的资料、农药标准品以及在有关国家（地区）登记、使用的证明材料，向国务院农业主管部门提出申请。

第十二条 国务院农业主管部门受理申请或者收到省、自治区、直辖市人民政府农业主管部门报送的申请资料后，应当组织审查和登记评审，并自收到评审意见之日起20个工作日内作出审批决定，符合条件的，核发农药登记证；不符合条件的，书面通知申请人并说明理由。

第十三条 农药登记证应当载明农药名称、剂型、有效成分及其含量、毒性、使用范围、使用方法和剂量、登记证持有人、登记证号以及有效期等事项。

农药登记证有效期为5年。有效期届满，需要继续生产农药或者向中国出口农药的，农药登记证持有人应当在有效期届满90日前向国务院农业主管部门申请延续。

农药登记证载明事项发生变化的，农药登记证持有人应当按照国务院农业主管部门的规定申请变更农药登记证。

国务院农业主管部门应当及时公告农药登记证核发、延续、变更情况以及有关的农药产品质量标准号、残留限量规定、检验方法、经核准的标签等信息。

第十四条 新农药研制者可以转让其已取得登记的新农药的登记资料；农药生产企业可以向具有相应生产能力的农药生产企业转让其已取得登记的农药的登记资料。

第十五条 国家对取得首次登记的、含有新化合物的农药的申请人提交的其自己所取得且未披露的试验数据和其他数据实施保护。

自登记之日起 6 年内，对其他申请人未经已取得登记的申请人同意，使用前款规定的数据申请农药登记的，登记机关不予登记；但是，其他申请人提交其自己所取得的数据的除外。

除下列情况外，登记机关不得披露本条第一款规定的数据：

（一）公共利益需要；

（二）已采取措施确保该类信息不会被不正当地进行商业使用。

第三章　农药生产

第十六条　农药生产应当符合国家产业政策。国家鼓励和支持农药生产企业采用先进技术和先进管理规范，提高农药的安全性、有效性。

第十七条　国家实行农药生产许可制度。农药生产企业应当具备下列条件，并按照国务院农业主管部门的规定向省、自治区、直辖市人民政府农业主管部门申请农药生产许可证：

（一）有与所申请生产农药相适应的技术人员；

（二）有与所申请生产农药相适应的厂房、设施；

（三）有对所申请生产农药进行质量管理和质量检验的人员、仪器和设备；

（四）有保证所申请生产农药质量的规章制度。

省、自治区、直辖市人民政府农业主管部门应当自受理申请之日起 20 个工作日内作出审批决定，必要时应当进行实地核查。符合条件的，核发农药生产许可证；不符合条件的，书面通知申请人并说明理由。

安全生产、环境保护等法律、行政法规对企业生产条件有其他规定的，农药生产企业还应当遵守其规定。

第十八条　农药生产许可证应当载明农药生产企业名称、住所、法定代表人（负责人）、生产范围、生产地址以及有效期等事项。

农药生产许可证有效期为 5 年。有效期届满，需要继续生产农药的，农药生产企业应当在有效期届满 90 日前向省、自治区、直辖市人民政府农业主管部门申请延续。

农药生产许可证载明事项发生变化的，农药生产企业应当按照国务院农业主管部门的规定申请变更农药生产许可证。

第十九条　委托加工、分装农药的，委托人应当取得相应的农药登记证，受托人应当取得农药生产许可证。

委托人应当对委托加工、分装的农药质量负责。

第二十条　农药生产企业采购原材料，应当查验产品质量检验合格证和有关许可证明文件，不得采购、使用未依法附具产品质量检验合格证、未依法取得有关许可证明文件的原材料。

农药生产企业应当建立原材料进货记录制度，如实记录原材料的名称、有关许可证明文件编号、规格、数量、供货人名称及其联系方式、进货日期等内容。原材料进货记录应当保存2年以上。

第二十一条　农药生产企业应当严格按照产品质量标准进行生产，确保农药产品与登记农药一致。农药出厂销售，应当经质量检验合格并附具产品质量检验合格证。

农药生产企业应当建立农药出厂销售记录制度，如实记录农药的名称、规格、数量、生产日期和批号、产品质量检验信息、购货人名称及其联系方式、销售日期等内容。农药出厂销售记录应当保存2年以上。

第二十二条　农药包装应当符合国家有关规定，并印制或者贴有标签。国家鼓励农药生产企业使用可回收的农药包装材料。

农药标签应当按照国务院农业主管部门的规定，以中文标注农药的名称、剂型、有效成分及其含量、毒性及其标识、使用范围、使用方法和剂量、使用技术要求和注意事项、生产日期、可追溯电子信息码等内容。

剧毒、高毒农药以及使用技术要求严格的其他农药等限制使用农药的标签还应当标注"限制使用"字样，并注明使用的特别限制和特殊要求。用于食用农产品的农药的标签还应当标注安全间隔期。

第二十三条　农药生产企业不得擅自改变经核准的农药的标签内容，不得在农药的标签中标注虚假、误导使用者的内容。

农药包装过小，标签不能标注全部内容的，应当同时附具说明书，说明书的内容应当与经核准的标签内容一致。

第四章　农药经营

第二十四条　国家实行农药经营许可制度，但经营卫生用农药的除外。农药经营者应当具备下列条件，并按照国务院农业主管部门的规定向县级以上地方人民政府农业主管部门申请农药经营许可证：

（一）有具备农药和病虫害防治专业知识，熟悉农药管理规定，能够指导安全合理使用农药的经营人员；

（二）有与其他商品以及饮用水水源、生活区域等有效隔离的营业场所和仓储场所，并配备与所申请经营农药相适应的防护设施；

（三）有与所申请经营农药相适应的质量管理、台账记录、安全防护、应急处置、仓储管理等制度。

经营限制使用农药的，还应当配备相应的用药指导和病虫害防治专业技术人员，并按照所在地省、自治区、直辖市人民政府农业主管部门的规定实行定点经营。

县级以上地方人民政府农业主管部门应当自受理申请之日起 20 个工作日内作出审批决定。符合条件的，核发农药经营许可证；不符合条件的，书面通知申请人并说明理由。

第二十五条 农药经营许可证应当载明农药经营者名称、住所、负责人、经营范围以及有效期等事项。

农药经营许可证有效期为 5 年。有效期届满，需要继续经营农药的，农药经营者应当在有效期届满 90 日前向发证机关申请延续。

农药经营许可证载明事项发生变化的，农药经营者应当按照国务院农业主管部门的规定申请变更农药经营许可证。

取得农药经营许可证的农药经营者设立分支机构的，应当依法申请变更农药经营许可证，并向分支机构所在地县级以上地方人民政府农业主管部门备案，其分支机构免予办理农药经营许可证。农药经营者应当对其分支机构的经营活动负责。

第二十六条 农药经营者采购农药应当查验产品包装、标签、产品质量检验合格证以及有关许可证明文件，不得向未取得农药生产许可证的农药生产企业或者未取得农药经营许可证的其他农药经营者采购农药。

农药经营者应当建立采购台账，如实记录农药的名称、有关许可证明文件编号、规格、数量、生产企业和供货人名称及其联系方式、进货日期等内容。采购台账应当保存 2 年以上。

第二十七条 农药经营者应当建立销售台账，如实记录销售农药的名称、规格、数量、生产企业、购买人、销售日期等内容。销售台账应当保存 2 年以上。

农药经营者应当向购买人询问病虫害发生情况并科学推荐农药，必要时应当实地查看病虫害发生情况，并正确说明农药的使用范围、使用方法和剂量、使用技术要求和注意事项，不得误导购买人。

经营卫生用农药的，不适用本条第一款、第二款的规定。

第二十八条 农药经营者不得加工、分装农药，不得在农药中添加任何物质，不得采购、销售包装和标签不符合规定，未附具产品质量检验合格证，未取得有关许可证明文件的农药。

经营卫生用农药的，应当将卫生用农药与其他商品分柜销售；经营其他农药的，不得在农药经营场所内经营食品、食用农产品、饲料等。

第二十九条 境外企业不得直接在中国销售农药。境外企业在中国销售农药的，应当依法在中国设立销售机构或者委托符合条件的中国代理机构销售。

向中国出口的农药应当附具中文标签、说明书，符合产品质量标准，并经出入境检验检疫部门依法检验合格。禁止进口未取得农药登记证的农药。

办理农药进出口海关申报手续，应当按照海关总署的规定出示相关证明文件。

第五章　农药使用

第三十条　县级以上人民政府农业主管部门应当加强农药使用指导、服务工作，建立健全农药安全、合理使用制度，并按照预防为主、综合防治的要求，组织推广农药科学使用技术，规范农药使用行为。林业、粮食、卫生等部门应当加强对林业、储粮、卫生用农药安全、合理使用的技术指导，环境保护主管部门应当加强对农药使用过程中环境保护和污染防治的技术指导。

第三十一条　县级人民政府农业主管部门应当组织植物保护、农业技术推广等机构向农药使用者提供免费技术培训，提高农药安全、合理使用水平。

国家鼓励农业科研单位、有关学校、农民专业合作社、供销合作社、农业社会化服务组织和专业人员为农药使用者提供技术服务。

第三十二条　国家通过推广生物防治、物理防治、先进施药器械等措施，逐步减少农药使用量。

县级人民政府应当制定并组织实施本行政区域的农药减量计划；对实施农药减量计划、自愿减少农药使用量的农药使用者，给予鼓励和扶持。

县级人民政府农业主管部门应当鼓励和扶持设立专业化病虫害防治服务组织，并对专业化病虫害防治和限制使用农药的配药、用药进行指导、规范和管理，提高病虫害防治水平。

县级人民政府农业主管部门应当指导农药使用者有计划地轮换使用农药，减缓危害农业、林业的病、虫、草、鼠和其他有害生物的抗药性。

乡、镇人民政府应当协助开展农药使用指导、服务工作。

第三十三条　农药使用者应当遵守国家有关农药安全、合理使用制度，妥善保管农药，并在配药、用药过程中采取必要的防护措施，避免发生农药使用事故。

限制使用农药的经营者应当为农药使用者提供用药指导，并逐步提供统一用药服务。

第三十四条　农药使用者应当严格按照农药的标签标注的使用范围、使用方法和剂量、使用技术要求和注意事项使用农药，不得扩大使用范围、加大用药剂量或者改变使用方法。

农药使用者不得使用禁用的农药。

标签标注安全间隔期的农药，在农产品收获前应当按照安全间隔期的要求停止使用。

剧毒、高毒农药不得用于防治卫生害虫，不得用于蔬菜、瓜果、茶叶、菌类、中草药材的生产，不得用于水生植物的病虫害防治。

第三十五条　农药使用者应当保护环境，保护有益生物和珍稀物种，不得在饮用水水源保护区、河道内丢弃农药、农药包装物或者清洗施药器械。

严禁在饮用水水源保护区内使用农药，严禁使用农药毒鱼、虾、鸟、兽等。

第三十六条　农产品生产企业、食品和食用农产品仓储企业、专业化病虫害防治服务组织和从事农产品生产的农民专业合作社等应当建立农药使用记录，如实记录使用农药的时间、地点、对象以及农药名称、用量、生产企业等。农药使用记录应当保存2年以上。

国家鼓励其他农药使用者建立农药使用记录。

第三十七条　国家鼓励农药使用者妥善收集农药包装物等废弃物；农药生产企业、农药经营者应当回收农药废弃物，防止农药污染环境和农药中毒事故的发生。具体办法由国务院环境保护主管部门会同国务院农业主管部门、国务院财政部门等部门制定。

第三十八条　发生农药使用事故，农药使用者、农药生产企业、农药经营者和其他有关人员应当及时报告当地农业主管部门。

接到报告的农业主管部门应当立即采取措施，防止事故扩大，同时通知有关部门采取相应措施。造成农药中毒事故的，由农业主管部门和公安机关依照职责权限组织调查处理，卫生主管部门应当按照国家有关规定立即对受到伤害的人员组织医疗救治；造成环境污染事故的，由环境保护等有关部门依法组织调查处理；造成储粮药剂使用事故和农作物药害事故的，分别由粮食、农业等部门组织技术鉴定和调查处理。

第三十九条　因防治突发重大病虫害等紧急需要，国务院农业主管部门可以决定临时生产、使用规定数量的未取得登记或者禁用、限制使用的农药，必要时应当会同国务院对外贸易主管部门决定临时限制出口或者临时进口规定数量、品种的农药。

前款规定的农药，应当在使用地县级人民政府农业主管部门的监督和指导下使用。

第六章　监督管理

第四十条　县级以上人民政府农业主管部门应当定期调查统计农药生产、销售、使用情况，并及时通报本级人民政府有关部门。

县级以上地方人民政府农业主管部门应当建立农药生产、经营诚信档案并予以公布；发现违法生产、经营农药的行为涉嫌犯罪的，应当依法移送公安机关查处。

第四十一条 县级以上人民政府农业主管部门履行农药监督管理职责，可以依法采取下列措施：

（一）进入农药生产、经营、使用场所实施现场检查；

（二）对生产、经营、使用的农药实施抽查检测；

（三）向有关人员调查了解有关情况；

（四）查阅、复制合同、票据、账簿以及其他有关资料；

（五）查封、扣押违法生产、经营、使用的农药，以及用于违法生产、经营、使用农药的工具、设备、原材料等；

（六）查封违法生产、经营、使用农药的场所。

第四十二条 国家建立农药召回制度。农药生产企业发现其生产的农药对农业、林业、人畜安全、农产品质量安全、生态环境等有严重危害或者较大风险的，应当立即停止生产，通知有关经营者和使用者，向所在地农业主管部门报告，主动召回产品，并记录通知和召回情况。

农药经营者发现其经营的农药有前款规定的情形的，应当立即停止销售，通知有关生产企业、供货人和购买人，向所在地农业主管部门报告，并记录停止销售和通知情况。

农药使用者发现其使用的农药有本条第一款规定的情形的，应当立即停止使用，通知经营者，并向所在地农业主管部门报告。

第四十三条 国务院农业主管部门和省、自治区、直辖市人民政府农业主管部门应当组织负责农药检定工作的机构、植物保护机构对已登记农药的安全性和有效性进行监测。

发现已登记农药对农业、林业、人畜安全、农产品质量安全、生态环境等有严重危害或者较大风险的，国务院农业主管部门应当组织农药登记评审委员会进行评审，根据评审结果撤销、变更相应的农药登记证，必要时应当决定禁用或者限制使用并予以公告。

第四十四条 有下列情形之一的，认定为假农药：

（一）以非农药冒充农药；

（二）以此种农药冒充他种农药；

（三）农药所含有效成分种类与农药的标签、说明书标注的有效成分不符。

禁用的农药，未依法取得农药登记证而生产、进口的农药，以及未附具标签的农药，按照假农药处理。

第四十五条 有下列情形之一的，认定为劣质农药：

（一）不符合农药产品质量标准；

（二）混有导致药害等有害成分。

超过农药质量保证期的农药，按照劣质农药处理。

第四十六条　假农药、劣质农药和回收的农药废弃物等应当交由具有危险废物经营资质的单位集中处置，处置费用由相应的农药生产企业、农药经营者承担；农药生产企业、农药经营者不明确的，处置费用由所在地县级人民政府财政列支。

第四十七条　禁止伪造、变造、转让、出租、出借农药登记证、农药生产许可证、农药经营许可证等许可证明文件。

第四十八条　县级以上人民政府农业主管部门及其工作人员和负责农药检定工作的机构及其工作人员，不得参与农药生产、经营活动。

第七章　法律责任

第四十九条　县级以上人民政府农业主管部门及其工作人员有下列行为之一的，由本级人民政府责令改正；对负有责任的领导人员和直接责任人员，依法给予处分；负有责任的领导人员和直接责任人员构成犯罪的，依法追究刑事责任：

（一）不履行监督管理职责，所辖行政区域的违法农药生产、经营活动造成重大损失或者恶劣社会影响；

（二）对不符合条件的申请人准予许可或者对符合条件的申请人拒不准予许可；

（三）参与农药生产、经营活动；

（四）有其他徇私舞弊、滥用职权、玩忽职守行为。

第五十条　农药登记评审委员会组成人员在农药登记评审中谋取不正当利益的，由国务院农业主管部门从农药登记评审委员会除名；属于国家工作人员的，依法给予处分；构成犯罪的，依法追究刑事责任。

第五十一条　登记试验单位出具虚假登记试验报告的，由省、自治区、直辖市人民政府农业主管部门没收违法所得，并处 5 万元以上 10 万元以下罚款；由国务院农业主管部门从登记试验单位中除名，5 年内不再受理其登记试验单位认定申请；构成犯罪的，依法追究刑事责任。

第五十二条　未取得农药生产许可证生产农药或者生产假农药的，由县级以上地方人民政府农业主管部门责令停止生产，没收违法所得、违法生产的产品和用于违法生产的工具、设备、原材料等，违法生产的产品货值金额不足 1 万元的，并处 5 万元以上 10 万元以下罚款，货值金额 1 万元以上的，并处货值金额 10 倍以上 20 倍以下罚款，由发证机关吊销农药生产许可证和相应的农药登记证；构成犯罪的，依法追究刑事责任。

取得农药生产许可证的农药生产企业不再符合规定条件继续生产农药的，由县级以上地方人民政府农业主管部门责令限期整改；逾期拒不整改或者整改后仍不符合规定条件的，由发证机关吊销农药生产许可证。

农药生产企业生产劣质农药的，由县级以上地方人民政府农业主管部门责令停止生产，没收违法所得、违法生产的产品和用于违法生产的工具、设备、原材料等，违法生产的产品货值金额不足 1 万元的，并处 1 万元以上 5 万元以下罚款，货值金额 1 万元以上的，并处货值金额 5 倍以上 10 倍以下罚款；情节严重的，由发证机关吊销农药生产许可证和相应的农药登记证；构成犯罪的，依法追究刑事责任。

委托未取得农药生产许可证的受托人加工、分装农药，或者委托加工、分装假农药、劣质农药的，对委托人和受托人均依照本条第一款、第三款的规定处罚。

第五十三条 农药生产企业有下列行为之一的，由县级以上地方人民政府农业主管部门责令改正，没收违法所得、违法生产的产品和用于违法生产的原材料等，违法生产的产品货值金额不足 1 万元的，并处 1 万元以上 2 万元以下罚款，货值金额 1 万元以上的，并处货值金额 2 倍以上 5 倍以下罚款；拒不改正或者情节严重的，由发证机关吊销农药生产许可证和相应的农药登记证：

（一）采购、使用未依法附具产品质量检验合格证、未依法取得有关许可证明文件的原材料；

（二）出厂销售未经质量检验合格并附具产品质量检验合格证的农药；

（三）生产的农药包装、标签、说明书不符合规定；

（四）不召回依法应当召回的农药。

第五十四条 农药生产企业不执行原材料进货、农药出厂销售记录制度，或者不履行农药废弃物回收义务的，由县级以上地方人民政府农业主管部门责令改正，处 1 万元以上 5 万元以下罚款；拒不改正或者情节严重的，由发证机关吊销农药生产许可证和相应的农药登记证。

第五十五条 农药经营者有下列行为之一的，由县级以上地方人民政府农业主管部门责令停止经营，没收违法所得、违法经营的农药和用于违法经营的工具、设备等，违法经营的农药货值金额不足 1 万元的，并处 5000 元以上 5 万元以下罚款，货值金额 1 万元以上的，并处货值金额 5 倍以上 10 倍以下罚款；构成犯罪的，依法追究刑事责任：

（一）违反本条例规定，未取得农药经营许可证经营农药；

（二）经营假农药；

（三）在农药中添加物质。

有前款第二项、第三项规定的行为，情节严重的，还应当由发证机关吊销农药经营许可证。

取得农药经营许可证的农药经营者不再符合规定条件继续经营农药的，由县级以上地方人民政府农业主管部门责令限期整改；逾期拒不整改或者整改后仍不符合规定条件的，由发证机关吊销农药经营许可证。

第五十六条 农药经营者经营劣质农药的，由县级以上地方人民政府农业主管部门责令停止经营，没收违法所得、违法经营的农药和用于违法经营的工具、设备等，违法经营的农药货值金额不足 1 万元的，并处 2000 元以上 2 万元以下罚款，货值金额 1 万元以上的，并处货值金额 2 倍以上 5 倍以下罚款；情节严重的，由发证机关吊销农药经营许可证；构成犯罪的，依法追究刑事责任。

第五十七条 农药经营者有下列行为之一的，由县级以上地方人民政府农业主管部门责令改正，没收违法所得和违法经营的农药，并处 5000 元以上 5 万元以下罚款；拒不改正或者情节严重的，由发证机关吊销农药经营许可证：

（一）设立分支机构未依法变更农药经营许可证，或者未向分支机构所在地县级以上地方人民政府农业主管部门备案；

（二）向未取得农药生产许可证的农药生产企业或者未取得农药经营许可证的其他农药经营者采购农药；

（三）采购、销售未附具产品质量检验合格证或者包装、标签不符合规定的农药；

（四）不停止销售依法应当召回的农药。

第五十八条 农药经营者有下列行为之一的，由县级以上地方人民政府农业主管部门责令改正；拒不改正或者情节严重的，处 2000 元以上 2 万元以下罚款，并由发证机关吊销农药经营许可证：

（一）不执行农药采购台账、销售台账制度；

（二）在卫生用农药以外的农药经营场所内经营食品、食用农产品、饲料等；

（三）未将卫生用农药与其他商品分柜销售；

（四）不履行农药废弃物回收义务。

第五十九条 境外企业直接在中国销售农药的，由县级以上地方人民政府农业主管部门责令停止销售，没收违法所得、违法经营的农药和用于违法经营的工具、设备等，违法经营的农药货值金额不足 5 万元的，并处 5 万元以上 50 万元以下罚款，货值金额 5 万元以上的，并处货值金额 10 倍以上 20 倍以下罚款，由发证机关吊销农药登记证。

取得农药登记证的境外企业向中国出口劣质农药情节严重或者出口假农药的，由国务院农业主管部门吊销相应的农药登记证。

第六十条　农药使用者有下列行为之一的，由县级人民政府农业主管部门责令改正，农药使用者为农产品生产企业、食品和食用农产品仓储企业、专业化病虫害防治服务组织和从事农产品生产的农民专业合作社等单位的，处5万元以上10万元以下罚款，农药使用者为个人的，处1万元以下罚款；构成犯罪的，依法追究刑事责任：

（一）不按照农药的标签标注的使用范围、使用方法和剂量、使用技术要求和注意事项、安全间隔期使用农药；

（二）使用禁用的农药；

（三）将剧毒、高毒农药用于防治卫生害虫，用于蔬菜、瓜果、茶叶、菌类、中草药材生产或者用于水生植物的病虫害防治；

（四）在饮用水水源保护区内使用农药；

（五）使用农药毒鱼、虾、鸟、兽等；

（六）在饮用水水源保护区、河道内丢弃农药、农药包装物或者清洗施药器械。

有前款第二项规定的行为的，县级人民政府农业主管部门还应当没收禁用的农药。

第六十一条　农产品生产企业、食品和食用农产品仓储企业、专业化病虫害防治服务组织和从事农产品生产的农民专业合作社等不执行农药使用记录制度的，由县级人民政府农业主管部门责令改正；拒不改正或者情节严重的，处2000元以上2万元以下罚款。

第六十二条　伪造、变造、转让、出租、出借农药登记证、农药生产许可证、农药经营许可证等许可证明文件的，由发证机关收缴或予以吊销，没收违法所得，并处1万元以上5万元以下罚款；构成犯罪的，依法追究刑事责任。

第六十三条　未取得农药生产许可证生产农药，未取得农药经营许可证经营农药，或者被吊销农药登记证、农药生产许可证、农药经营许可证的，其直接负责的主管人员10年内不得从事农药生产、经营活动。

农药生产企业、农药经营者招用前款规定的人员从事农药生产、经营活动的，由发证机关吊销农药生产许可证、农药经营许可证。

被吊销农药登记证的，国务院农业主管部门5年内不再受理其农药登记申请。

第六十四条　生产、经营的农药造成农药使用者人身、财产损害的，农药使用者可以向农药生产企业要求赔偿，也可以向农药经营者要求赔偿。属于农药生产企业责任的，农药经营者赔偿后有权向农药生产企业追偿；属于农药经营者责任的，农药生产企业赔偿后有权向农药经营者追偿。

第八章　附则

第六十五条　申请农药登记的，申请人应当按照自愿有偿的原则，与登记试验单位协商确定登记试验费用。

第六十六条　本条例自 2017 年 6 月 1 日起施行。

附录3

农药标签和说明书 管理办法

第一章 总则

第一条 为了规范农药标签和说明书的管理，保证农药使用的安全，根据《农药管理条例》，制定本办法。

第二条 在中国境内经营、使用的农药产品应当在包装物表面印制或者贴有标签。产品包装尺寸过小、标签无法标注本办法规定内容的，应当附具相应的说明书。

第三条 本办法所称标签和说明书，是指农药包装物上或者附于农药包装物的，以文字、图形、符号说明农药内容的一切说明物。

第四条 农药登记申请人应当在申请农药登记时提交农药标签样张及电子文档。附具说明书的农药，应当同时提交说明书样张及电子文档。

第五条 农药标签和说明书由农业部核准。农业部在批准农药登记时公布经核准的农药标签和说明书的内容、核准日期。

第六条 标签和说明书的内容应当真实、规范、准确，其文字、符号、图形应当易于辨认和阅读，不得擅自以粘贴、剪切、涂改等方式进行修改或者补充。

第七条 标签和说明书应当使用国家公布的规范化汉字，可以同时使用汉语拼音或者其他文字。其他文字表述的含义应当与汉字一致。

第二章 标注内容

第八条 农药标签应当标注下列内容：

（一）农药名称、剂型、有效成分及其含量；

（二）农药登记证号、产品质量标准号以及农药生产许可证号；

（三）农药类别及其颜色标志带、产品性能、毒性及其标识；

（四）使用范围、使用方法、剂量、使用技术要求和注意事项；

（五）中毒急救措施；

（六）储存和运输方法；

（七）生产日期、产品批号、质量保证期、净含量；

（八）农药登记证持有人名称及其联系方式；

（九）可追溯电子信息码；

（十）象形图；

（十一）农业部要求标注的其他内容。

第九条 除第八条规定内容外，下列农药标签标注内容还应当符合相应要求：

（一）原药（母药）产品应当注明"本品是农药制剂加工的原材料，不得用于农作物或者其他场所。"且不标注使用技术和使用方法。但是，经登记批准允许直接使用的除外；

（二）限制使用农药应当标注"限制使用"字样，并注明对使用的特别限制和特殊要求；

（三）用于食用农产品的农药应当标注安全间隔期，但属于第十八条第三款所列情形的除外；

（四）杀鼠剂产品应当标注规定的杀鼠剂图形；

（五）直接使用的卫生用农药可以不标注特征颜色标志带；

（六）委托加工或者分装农药的标签还应当注明受托人的农药生产许可证号、受托人名称及其联系方式和加工、分装日期；

（七）向中国出口的农药可以不标注农药生产许可证号，应当标注其境外生产地，以及在中国设立的办事机构或者代理机构的名称及联系方式。

第十条 农药标签过小，无法标注规定全部内容的，应当至少标注农药名称、有效成分含量、剂型、农药登记证号、净含量、生产日期、质量保证期等内容，同时附具说明书。说明书应当标注规定的全部内容。

登记的使用范围较多，在标签中无法全部标注的，可以根据需要，在标签中标注部分使用范围，但应当附具说明书并标注全部使用范围。

第十一条 农药名称应当与农药登记证的农药名称一致。

第十二条 联系方式包括农药登记证持有人、企业或者机构的住所和生产地的地址、邮政编码、联系电话、传真等。

第十三条 生产日期应当按照年、月、日的顺序标注，年份用四位数字表示，月、日分别用两位数表示。产品批号包含生产日期的，可以与生产日期合并表示。

第十四条　质量保证期应当规定在正常条件下的质量保证期限，质量保证期也可以用有效日期或者失效日期表示。

第十五条　净含量应当使用国家法定计量单位表示。特殊农药产品，可根据其特性以适当方式表示。

第十六条　产品性能主要包括产品的基本性质、主要功能、作用特点等。对农药产品性能的描述应当与农药登记批准的使用范围、使用方法相符。

第十七条　使用范围主要包括适用作物或者场所、防治对象。

使用方法是指施用方式。

使用剂量以每亩使用该产品的制剂量或者稀释倍数表示。种子处理剂的使用剂量采用每100公斤种子使用该产品的制剂量表示。特殊用途的农药，使用剂量的表述应当与农药登记批准的内容一致。

第十八条　使用技术要求主要包括施用条件、施约时期、次数、最多使用次数，对当茬作物、后茬作物的影响及预防措施，以及后茬仅能种植的作物或者后茬不能种植的作物、间隔时间等。

限制使用农药，应当在标签上注明施药后设立警示标志，并明确人畜允许进入的间隔时间。

安全间隔期及农作物每个生产周期的最多使用次数的标注应当符合农业生产、农药使用实际。下列农药标签可以不标注安全间隔期：

（一）用于非食用作物的农药；

（二）拌种、包衣、浸种等用于种子处理的农药；

（三）用于非耕地（牧场除外）的农药；

（四）用于苗前土壤处理剂的农药；

（五）仅在农作物苗期使用一次的农药；

（六）非全面撒施使用的杀鼠剂；

（七）卫生用农药；

（八）其他特殊情形。

第十九条　毒性分为剧毒、高毒、中等毒、低毒、微毒五个级别，分别用

"☠"标识和"剧毒"字样、"☠"标识和"高毒"字样、"✖"标识和"中等毒"字样、"〈低毒〉"标识、"微毒"字样标注。标识应当为黑色，描述文字应当为红色。

由剧毒、高毒农药原药加工的制剂产品，其毒性级别与原药的最高毒性级别不一致时，应当同时以括号标明其所使用的原药的最高毒性级别。

第二十条　注意事项应当标注以下内容：

（一）对农作物容易产生药害，或者对病虫容易产生抗性的，应当标明主要原因和预防方法；

（二）对人畜、周边作物或者植物、有益生物（如蜜蜂、鸟、蚕、蚯蚓、天敌及鱼、水蚤等水生生物）和环境容易产生不利影响的，应当明确说明，并标注使用时的预防措施、施用器械的清洗要求；

（三）已知与其他农药等物质不能混合使用的，应当标明；

（四）开启包装物时容易出现药剂撒漏或者人身伤害的，应当标明正确的开启方法；

（五）施用时应当采取的安全防护措施；

（六）国家规定禁止的使用范围或者使用方法等。

第二十一条　中毒急救措施应当包括中毒症状及误食、吸入、眼睛溅入、皮肤沾附农药后的急救和治疗措施等内容。

有专用解毒剂的，应当标明，并标注医疗建议。

剧毒、高毒农药应当标明中毒急救咨询电话。

第二十二条　储存和运输方法应当包括储存时的光照、温度、湿度、通风等环境条件要求及装卸、运输时的注意事项，并标明"置于儿童接触不到的地方""不能与食品、饮料、粮食、饲料等混合储存"等警示内容。

第二十三条　农药类别应当采用相应的文字和特征颜色标志带表示。

不同类别的农药采用在标签底部加一条与底边平行的、不褪色的特征颜色标志带表示。

除草剂用"除草剂"字样和绿色带表示；杀虫（螨、软体动物）剂用"杀虫剂"或者"杀螨剂""杀软体动物剂"字样和红色带表示；杀菌（线虫）剂用"杀菌剂"或者"杀线虫剂"字样和黑色带表示；植物生长调节剂用"植物生长调节剂"字样和深黄色带表示；杀鼠剂用"杀鼠剂"字样和蓝色带表示；杀虫/杀菌剂用"杀虫/杀菌剂"字样、红色和黑色带表示。农药类别的描述文字应当镶嵌在标志带上，颜色与其形成明显反差。其他农药可以不标注特征颜色标志带。

第二十四条　可追溯电子信息码应当以二维码等形式标注，能够扫描识别农药名称、农药登记证持有人名称等信息。信息码不得含有违反本办法规定的文字、符号、图形。

可追溯电子信息码格式及生成要求由农业部另行制定。

第二十五条 象形图包括储存象形图、操作象形图、忠告象形图、警告象形图。象形图应当根据产品安全使用措施的需要选择，并按照产品实际使用的操作要求和顺序排列，但不得代替标签中必要的文字说明。

第二十六条 标签和说明书不得标注任何带有宣传、广告色彩的文字、符号、图形，不得标注企业获奖和荣誉称号。法律、法规或者规章另有规定的，从其规定。

第三章 制作、使用和管理

第二十七条 每个农药最小包装应当印制或者贴有独立标签，不得与其他农药共用标签或者使用同一标签。

第二十八条 标签上汉字的字体高度不得小于 1.8 毫米。

第二十九条 农药名称应当显著、突出，字体、字号、颜色应当一致，并符合以下要求：

（一）对于横版标签，应当在标签上部 1/3 范围内中间位置显著标出；对于竖版标签，应当在标签右部 1/3 范围内中间位置显著标出；

（二）不得使用草书、篆书等不易识别的字体，不得使用斜体、中空、阴影等形式对字体进行修饰；

（三）字体颜色应当与背景颜色形成强烈反差；

（四）除因包装尺寸的限制无法同行书写外，不得分行书写。

除"限制使用"字样外，标签其他文字内容的字号不得超过农药名称的字号。

第三十条 有效成分及其含量和剂型应当醒目标注在农药名称的正下方（横版标签）或者正左方（竖版标签）相邻位置（直接使用的卫生用农药可以不再标注剂型名称），字体高度不得小于农药名称的 1/2。

混配制剂应当标注总有效成分含量以及各有效成分的中文通用名称和含量。各有效成分的中文通用名称及含量应当醒目标注在农药名称的正下方（横版标签）或者正左方（竖版标签），字体、字号、颜色应当一致，字体高度不得小于农药名称的 1/2。

第三十一条 农药标签和说明书不得使用未经注册的商标。

标签使用注册商标的，应当标注在标签的四角，所占面积不得超过标签面积的 1/9，其文字部分的字号不得大于农药名称的字号。

第三十二条 毒性及其标识应当标注在有效成分含量和剂型的正下方（横版标签）或者正左方（竖版标签），并与背景颜色形成强烈反差。

象形图应当用黑白两种颜色印刷，一般位于标签底部，其尺寸应当与标签的尺寸相协调。

安全间隔期及施药次数应当醒目标注，字号大于使用技术要求其他文字的字号。

第三十三条 "限制使用"字样，应当以红色标注在农药标签正面右上角或者左上角，并与背景颜色形成强烈反差，其字号不得小于农药名称的字号。

第三十四条 标签中不得含有虚假、误导使用者的内容，有下列情形之一的，属于虚假、误导使用者的内容：

（一）误导使用者扩大使用范围、加大用药剂量或者改变使用方法的；

（二）卫生用农药标注适用于儿童、孕妇、过敏者等特殊人群的文字、符号、图形等；

（三）夸大产品性能及效果、虚假宣传、贬低其他产品或者与其他产品相比较，容易给使用者造成误解或者混淆的；

（四）利用任何单位或者个人的名义、形象作证明或者推荐的；

（五）含有保证高产、增产、铲除、根除等断言或者保证，含有速效等绝对化语言和表示的；

（六）含有保险公司保险、无效退款等承诺性语言的；

（七）其他虚假、误导使用者的内容。

第三十五条 标签和说明书上不得出现未经登记批准的使用范围或者使用方法的文字、图形、符号。

第三十六条 除本办法规定应当标注的农药登记证持有人、企业或者机构名称及其联系方式之外，标签不得标注其他任何企业或者机构的名称及其联系方式。

第三十七条 产品毒性、注意事项、技术要求等与农药产品安全性、有效性有关的标注内容经核准后不得擅自改变，许可证书编号、生产日期、企业联系方式等产品证明性、企业相关性信息由企业自主标注，并对真实性负责。

第三十八条 农药登记证持有人变更标签或者说明书有关产品安全性和有效性内容的，应当向农业部申请重新核准。

农业部应当在3个月内作出核准决定。

第三十九条 农业部根据监测与评价结果等信息，可以要求农药登记证持有人修改标签和说明书，并重新核准。

农药登记证载明事项发生变化的，农业部在作出准予农药登记变更决定的同时，对其农药标签予以重新核准。

第四十条 标签和说明书重新核准3个月后，不得继续使用原标签和说明书。

第四十一条 违反本办法的，依照《农药管理条例》有关规定处罚。

第四章　附则

第四十二条　本办法自 2017 年 8 月 1 日起施行。2007 年 12 月 8 日农业部公布的《农药标签和说明书管理办法》同时废止。

现有产品标签或者说明书与本办法不符的，应当自 2018 年 1 月 1 日起使用符合本办法规定的标签和说明书。

附录4

限制使用农药名录

中华人民共和国农业部公告

第 2567 号

为了加强对限制使用农药的监督管理，保障农产品质量安全和人畜安全，保护农业生产和生态环境，根据《中华人民共和国食品安全法》和《农药管理条例》相关规定，我部制定了《限制使用农药名录（2017 版）》，现予公布，并就有关事项公告如下。

一、列入本名录的农药，标签应当标注"限制使用"字样，并注明使用的特别限制和特殊要求；用于食用农产品的，标签还应当标注安全间隔期。

二、本名录中前 22 种农药实行定点经营，其他农药实行定点经营的时间由农业部另行规定。

三、农业部已经发布的限制使用农药公告，继续执行。

四、本公告自 2017 年 10 月 1 日起施行。

农业部

2017 年 8 月 31 日

限制使用农药名录（2017 版）

序号	有效成分名称	备注
1	甲拌磷	
2	甲基异柳磷	
3	克百威	
4	磷化铝	
5	硫丹	
6	氯化苦	
7	灭多威	
8	灭线磷	
9	水胺硫磷	
10	涕灭威	
11	溴甲烷	
12	氧乐果	实行定点经营
13	百草枯	
14	2,4-滴丁酯	
15	C 型肉毒梭菌毒素	
16	D 型肉毒梭菌毒素	
17	氟鼠灵	
18	敌鼠钠盐	
19	杀鼠灵	
20	杀鼠醚	
21	溴敌隆	
22	溴鼠灵	
23	丁硫克百威	
24	丁酰肼	
25	毒死蜱	
26	氟苯虫酰胺	
27	氟虫腈	
28	乐果	
29	氰戊菊酯	
30	三氯杀螨醇	
31	三唑磷	
32	乙酰甲胺磷	

禁限用农药名录

（2017）

禁止在国内销售和使用农药：

六六六、滴滴涕、毒杀芬、二溴氯丙烷、杀虫脒、二溴乙烷、除草醚、艾氏剂、狄氏剂、汞制剂、砷类、铅类、敌枯双、氟乙酰胺、甘氟、毒鼠强、氟乙酸钠、毒鼠硅、甲胺磷、甲基对硫磷、对硫磷、久效磷、磷胺、苯线磷、地虫硫磷、甲基硫环磷、磷化钙、磷化镁、磷化锌、硫线磷、蝇毒磷、治螟磷、特丁硫磷、氯磺隆、福美胂、福美甲胂、胺苯磺隆单剂及复配制剂、甲磺隆单剂及复配制剂、百草枯水剂。

禁止用于防治卫生害虫和水生植物的病虫害，禁止用于蔬菜、瓜果、茶叶、菌类、中草药材的生产的剧毒、高毒农药：甲拌磷、甲基异柳磷、内吸磷、克百威、涕灭威、灭线磷、硫环磷、氯唑磷、水胺硫磷、杀扑磷、灭多威、氧乐果、硫丹、溴甲烷。

三氯杀螨醇、氰戊菊酯禁止在茶树上使用；

丁酰肼（比久）禁止在花生上使用；

毒死蜱、三唑磷禁止在蔬菜上使用；

氟虫腈禁止用于除卫生用、玉米等部分旱田种子包衣剂外的其他用途；

溴甲烷、氯化苦仅用于土壤熏蒸，且应在专业技术人员指导下使用。

自 2019 年 3 月 26 日起，禁止含硫丹产品在农业上使用。

自 2019 年 1 月 1 日起，禁止含溴甲烷产品在农业上使用。

自 2019 年 8 月 1 日起，禁止乙酰甲胺磷、丁硫克百威、乐果在蔬菜、瓜果、茶叶、菌类和中草药材作物上使用。

主要参考文献

［1］郭立国，韩太利. 优质草莓大棚高效种植技术［J］. 农业科技通讯，2021（7）：318-320.

［2］彭殿林，彭沈凌. 草莓生物学特性及关键栽培技术要点［J］. 吉林蔬菜，2011（5）：21.

［3］杨丽娟. 草莓生长的外部环境条件［J］. 新农业，2021（4）：26.

［4］赵彦华. 草莓品种栽培类型及主要优良品种［J］. 山西果树，2019（6）：50-53.

［5］张运涛，王桂霞，董静，等. 草莓优良品种甜查理及其栽培技术［J］. 中国果实，2006（1）：22-23.

［6］焦瑞莲. 日光温室草莓无公害高产栽培技术［J］. 果农之友，2006（11）：23.

［7］童英富，郑永利. 草莓主要病虫及其综合治理技术［J］. 安徽农学通报，2006，12（2）：89-90.

［8］朱淑梅. 日光温室草莓无公害高产栽培技术［J］. 河北果树，2006（6）：35.

［9］张秀刚. 草莓基础生理及栽培. 北京：中国林业出版社，1993.

［10］辛贺明，张喜焕. 草莓优良品种及无公害栽培技术［M］. 北京：中国农业出版社，2003.

［11］陈贵林，等. 大棚日光温室草莓栽培技术［M］. 北京：金盾出版社，1998.

［12］张志宏，等. 图说草莓棚室高效栽培关键技术［M］. 北京：金盾出版社，2009.

［13］孙玉东，徐冉. 草莓脱毒苗繁育技术规程［J］. 河北农业科学 2007，11（2）：20-22.

［14］唐梁楠，等. 草莓优质高产新技术［M］. 北京：金盾出版社，2003.

［15］万树青. 生物农药及使用技术［M］. 北京：金盾出版社，2003.

［16］辛贺明，张喜焕. 草莓生产关键技术百问百答［M］. 北京：中国农业出版社，2005.

［17］何水涛. 优质高档草莓生产技术［M］. 郑州：中原农民出版社，2003.

［18］张运涛，等. 草莓研究进展［M］. 北京：中国农业出版社，2002.

［19］郝保春，等. 草莓生产技术大全［M］. 北京：中国农业出版社，2000.

［20］张伟，杨洪强. 草莓标准化生产全面细解［M］. 北京：中国农业出版社，2010.